常用电工电子技术
实验指导

◎ 谢志坚 庞 春　　　主 编

　王 茜 周述苍 林佳鹏 副主编

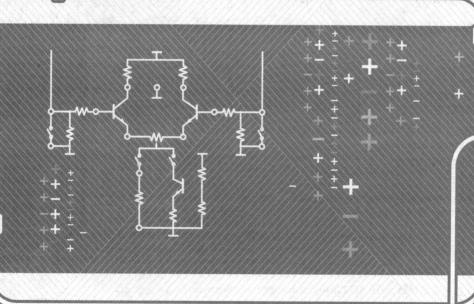

清华大学出版社

北京

内 容 简 介

本书紧紧围绕国家相关职业标准,以职业院校机电一体化、智能移动机器人(服务机器人)类专业为基础,从实际工作出发,以专业技能为主线进行编写。本书按照"校企合一"全新教学模式,有针对性地介绍了常用的电工电子技术原理与实验的理论和操作知识;配有仪器设备材料清单以及相应的评分标准,并且介绍了实验原理、步骤、注意事项。本书重点突出实用性、针对性,力求从内容到形式都有一定的突破和创新,做到实用、够用、必用,满足考证人员的需要、符合实际工作需求。

本书具有较高的使用价值,是电工电子技术操作人员,机电一体化、自动化、智能移动机器人、服务机器人专业师生的必备用书,也可作为职业院校机电、电气类师生以及职业技能鉴定培训机构学习用书。

图书在版编目(CIP)数据

常用电工电子技术实验指导/谢志坚,庞春主编.—北京:清华大学出版社,2022.2
ISBN 978-7-302-59047-7

Ⅰ. ①常… Ⅱ. ①谢… ②庞… Ⅲ. ①电工技术—实验—职业教育—教材 ②电子技术—实验—职业教育—教材 Ⅳ. ①TM-33 ②TN-33

中国版本图书馆 CIP 数据核字(2021)第 178874 号

责任编辑:张 弛
封面设计:刘 键
责任校对:李 梅
责任印制:沈 露

出版发行:清华大学出版社
  网   址:http://www.tup.com.cn,http://www.wqbook.com
  地   址:北京清华大学学研大厦 A 座   邮   编:100084
  社 总 机:010-83470000   邮   购:010-62786544
  投稿与读者服务:010-62776969,c-service@tup.tsinghua.edu.cn
  质量反馈:010-62772015,zhiliang@tup.tsinghua.edu.cn
  课件下载:http://www.tup.com.cn,010-83470410
印 装 者:北京嘉实印刷有限公司
经   销:全国新华书店
开   本:185mm×260mm   印   张:13.5   字   数:326 千字
版   次:2022 年 4 月第 1 版   印   次:2022 年 4 月第 1 次印刷
定   价:42.00 元

产品编号:088725-01

前 言
FOREWORD

为了进一步适应新的教育教学改革，更加贴近教学实际，满足学生需求，我们组织了一批具有丰富教学实践经验的一线教师，结合目前多媒体教学的普及及"一体化教学"的广泛实施；结合目前新的职业教育教学改革形势，以及采用"一体化教学"和"校企合一"的办学模式的现状，依据最新的国家职业技能鉴定标准和教学大纲，坚持以就业为导向，面向社会、面向市场，围绕经济社会发展和职业岗位能力的要求，编写了本书。

本书在结构上通过实验实例和大量真实图表详细介绍了整个操作过程，通俗易懂，使学生能够轻松地掌握技能。编写时编者认真总结了本校及兄弟学校关于本课程教学内容和课程体系教学改革的经验，借鉴了国内兄弟学校"校企合一"的最新成果，参考了部分企业培训、考核和实际工作内容等资料，结合编者的教学实践经验，以目前高职高专、技工院校、中等职业学校电工实验条件和设备为基础，以电工电子技术职业道德、生产安全知识及实际工作内容为主线，紧贴专业特色、企业岗位的需求，实用性和可操作性强。同时遵循由易到难、由浅入深的原则，将学习情境与工作情境有机地结合在一起，既有理论基础知识，更注意实验内容。

由于篇幅有限，本书在章节具体内容的选择上，以必需和够用为原则，对内容作了必要的精简，以理论为引导，围绕实践展开，删繁就简。针对目前职业类学生的基础和学习特点，打破原来的系统性、完整性的旧框架，着重培养学生实践动手能力及解决问题的能力；理论知识和实验内容紧密结合当前的生产实际，及时将新技术、新工艺、新方法纳入本书，将目前企业的实用知识编入本书，为学生今后就业及适应岗位打下扎实的基础。

本书由谢志坚、庞春任主编；王茜、周述苍、林佳鹏任副主编；由张富建主审。在本书编写、审定过程中，肖逸瑞、熊邦宏、易军吕等老师提出了许多宝贵意见并给予了大力支持、指导和帮助，韶关学院陈益壬同学提供了部分实验报告资料及样板，在此一并致谢！

由于本书涉及内容较多，新技术、新设备发展较迅速，加之编者水平有限，书中缺点和错漏在所难免，恳请广大读者对本书提出宝贵意见和建议，以便修订时补充更正。

编　者
2022 年 1 月

目 录
CONTENTS

常用仪器仪表

知识目标

(1) 能够叙述常用电工仪表,如电压表、电流表、万用表、兆欧表的结构和使用方法。

(2) 能够叙述常用电工电子仪器以及 NI ELVIS Ⅱ＋ 实验平台的面板结构、旋钮、按键功能及使用方法。

(3) 了解电工电子技术实验测量过程中产生的误差及分析方法。

技能目标

会正确使用常用电工电子技术实验仪表,如电压表、电流表、万用表及兆欧表测量相关的参数;能熟练使用 NI ELVIS Ⅱ＋实验平台。

1.1　电工电子技术实验测量基础

1.1.1　电工电子技术实验测量概述

在电工电子技术实验中,需要用电工电子测量仪表进行测量,测量内容包括电压、电流、电阻、电功率和电能等。电工电子测量仪表还可以与变换装置配合,间接测量多种非电量,如磁通、温度、压力、流量、速度、水位和机械变形等。电工电子测量仪表保证了生产过程的合理操作和用电设备的顺利工作,同时也为科学研究提供了便利的条件。

电工电子测量技术的应用之所以能在现代各种测量技术中占有重要的地位,是因为它具有以下主要优点。

(1) 电工电子测量仪表结构简单、使用方便,并且有较高的准确度。

(2) 可将电工电子测量仪表灵活地安装在需要进行测量的地方,并可实现传动记录。

(3) 可解决远距离的测量问题,为集中管理和控制提供了条件。

(4) 能利用电工电子测量的方法对非电量进行测量。

1.1.2　常用电工电子技术测量仪表的分类

电工电子技术实验测量仪表种类繁多,分类方法也很多。常用的电工电子技术实验测量仪表一般按照以下几方面分类。

1. 按被测量的种类分类

按被测量的种类,常用的电工电子技术实验测量仪表可分为安培表、伏特表、瓦特表、电能表、相位表、频率表和欧姆表等,如表 1-1 所示。

表 1-1　常用的电工电子技术实验测量仪表按被测量的种类分类

被测量的种类	仪表名称	符　号
电流	安培表	Ⓐ
	毫安表	mA
电压	伏特表	Ⓥ
	千伏表	kV
电功率	瓦特表	Ⓦ
	千瓦表	kW
电能	电能表	kWh
相位差	相位表	φ
频率	频率表	f
电阻	欧姆表	Ω
	兆欧表	MΩ

2. 按工作原理分类

按工作原理,常用的电工电子技术实验测量仪表可分为磁电式、电磁式、电动式、铁磁电动式、静电式、感应式、热电式、整流式和电子式。最常用的主要有磁电式、电磁式、电动式和整流式,如表 1-2 所示。

表 1-2　常用的电工电子技术实验测量仪表按工作原理分类

形　式	符　号	被测量的种类	电流的种类与频率
磁电式		电流、电压、电阻	直流
电磁式		电流、电压	直流及工频交流
电动式		电流、电压、电功率、功率因数、电能	直流及工频交流与较高频率的交流

续表

形　式	符　号	被测量的种类	电流的种类与频率
整流式		电流、电压	工频交流与较高频率的交流

3. 按测量电流的种类分类

按测量电流的种类,常用的电工电子技术实验测量仪表可分为直流仪表、交流仪表和交直流两用仪表。

4. 按准确度分类

准确度是电工电子技术实验测量仪表的主要特性之一。仪表的准确度与其误差有关。无论仪表制造得如何精确,其读数和被测量的实际值之间总是存在误差。

根据国家标准,直读式电工电子技术测量仪表的准确度分为 0.1 级、0.2 级、0.5 级、1.0 级、1.5 级、2.5 级和 5.0 级,这些数字就表示仪表的相对误差。通常,0.1 级和 0.2 级仪表作为标准仪表,0.5 级至 1.5 级仪表用于实验室测量,1.5 级至 5.0 级仪表用于工程测量。

在仪表上通常都标有表示仪表的形式、准确度的等级、电流的种类以及仪表的绝缘耐压强度和放置位置等符号,如表 1-3 所示。

表 1-3　电工电子测量仪表上的常用符号

符号	意　义
—	直流
~	交流
≃	交直流
3～或≈	三相交流
⚡2kV	仪表绝缘试验电压 2000V
↑	仪表直立放置
→	仪表水平放置
∠60°	仪表倾斜 60°放置

1.1.3　电工电子技术测量误差

由于电工电子技术测量仪器仪表的不准确、测量方法的不完善以及测量环境、测量人员本身等各种因素造成的影响,测量结果与被测量的真实值之间总是存在差别,这种差别称为测量误差。在相同条件下多次测量同一个量时,误差的绝对值和符号保持恒定,或在条件改变时,与某一个或几个因素成函数关系的有规律误差称为系统误差。

4

1. 系统误差的分类

系统误差按其来源，可分为以下几类。

（1）基本误差。基本误差是指测量仪器仪表本身结构和制作上的不完善，使其准确度受到限制而产生的误差。

（2）附加误差。附加误差是指测量仪器仪表使用时安装不当或未能满足所规定的条件而产生的误差。

（3）方法误差。方法误差是指测量方法不完善或测量所依据的理论不完善等造成的误差，又称为理论误差。

（4）个人误差。个人误差是指测量人员经验不足，观察、读数不准确而导致的误差。这类误差往往因人而异，并且与测量人员当时的心理和生理状态密切相关。

系统误差表明了测量结果偏离真实值的程度，系统误差越小，测量结果越准确。

2. 减小系统误差的方法

（1）减小仪器仪表误差。测量前，应将全部量具和仪器仪表进行校准，并确定它们的修正值，在数据处理过程中进行误差修正。此外，还应尽量检查各种影响量，如温度、湿度、电磁场等对仪器仪表示值的影响，确定各种修正公式、曲线或表格。

（2）减小装置误差。根据测量仪器仪表的使用技术条件，仔细检查全部测量仪器仪表的调定和安放情况，如将仪表的指针调零、将仪器仪表按规定位置安放、环境温度符合标准、除地磁以外没有外来电磁场的影响等。

1.2　电工电子技术实验常用仪表仪器

1.2.1　电流表

电流测量使用电流表作为测量仪表。常用直流电流表外形如图 1-1 所示，交流电流表外形如图 1-2 所示。

图 1-1　直流电流表

图 1-2　交流电流表

1. 直流电流的测量

测量直流电流时，电流表应与负载串联在直流电路中，如图 1-3 所示。接线时需要注意仪表的极性和量程。必须使用电流表的正端钮接被测电路的高电位端，负端钮接被测电路的低电位端,在仪表允许的量程范围内测量。测量直流大电流应配有分流器,如图 1-4 所示。在使用带有分流器的仪表测量时,应将分流器的电流端钮(外侧两个端钮)串接入电路中,表头由外附定值导线接在分流器的电位端钮上(外附定值导线需与仪表、分流器配套)。

图 1-3　电流表直接接入法　　　　图 1-4　带有分流器的接入法

2. 交流电流的测量

使用交流电流表测量交流电流时,同样应与负荷串联在电路中。与直流电流表不同的是,交流电流表不分极性,如图 1-5 所示。因交流电流表线圈的线径和游丝截面很小,不能测量较大的电流,如需要扩大量程,可加接电流互感器,其接线如图 1-6 所示。通常电气工程中配电流互感器使用的交流电流表量程为 5A。表盘上的读数在出厂前已按电流互感器比率(变比)标出,可直接读出被测电流值。

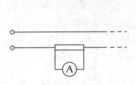
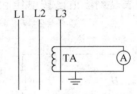

图 1-5　电流表测量交流电　　　　图 1-6　接入交流互感器测量交流电

3. 注意事项

(1) 使用直流电流表和交流电流表测量电流时极性不能接反,否则会使电流表的指针反向偏转。交流电流表如果测量高压电路的电流时,电流表应串接在被测电路的低电位端。

(2) 要根据被测电流的大小选择适当的仪表,如安培表、毫安表或微安表。在测量前应对电流的大小进行估计,当不知被测电流的大致数值时,先使用较大量程的电流表试测,然后根据指针偏转的情况,转换适当量程的仪表。

1.2.2　电压表

电压测量使用电压表作为测量仪表,常用直流电压表、交流电压表外形如图 1-7 和图 1-8 所示。

图 1-7　直流电压表　　　　　　　图 1-8　交流电压表

1. 直流电压的测量

测量直流电压时,电压表应并联在线路中测量。测量时应注意仪表的极性标记,将标"＋"的一端接线路的高电位点,"－"端接线路的低电位点,以免指针反转而损坏仪表。如需扩大直流电压表的量程,无论是磁电式、电磁式还是电动式仪表,均可在电压表外串联分压电阻,所串分压电阻越大,量程越大。

2. 交流电压的测量

测量交流电压时,电压表应并联在线路中测量。电压表不分极性,只需要在测量量程范围内直接并联到被测电路即可,接线如图 1-9 所示。若测量较高的交流电压,如 600V 以上时,一般需要配合电压互感器进行测量。如需扩大交流电压表量程,无论是磁电式仪表还是电磁式仪表均可加接电压互感器,如图 1-10 所示。电气工程中,所用电压互感器按测量电压等级不同,有不同的标准电压比率,如 3000/100V、6000/100V 等。配用电压互感器的电压表量程一般为 100V,选择时,根据被测电路电压等级和电压表自身量程合理配合使用。读数时,电压表表盘刻度值已按电压互感器比率折算,可直接读取。

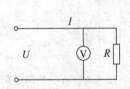

图 1-9　电压表直接接入法

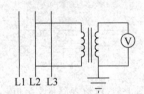

图 1-10　接入电压互感器测量交流电压

3. 电压表使用注意事项

测量时应根据被测电压的大小选用电压表的量程,量程要大于被测线路的电压,否则有可能损坏仪表。

1.2.3　万用表介绍

万用表又称为复用表、多用表、三用表、繁用表等,是电工工作过程中不可缺少的测量仪表。万用表按显示方式分为指针式万用表和数字式万用表,是一种多功能、多量程的测量仪表。一般万用表可测量直流电流、直流电压、交流电流、交流电压、电阻(含判断导线的通断)和音频电平等,有的还可以测量电容量、电感量及半导体的一些参数(如 β)。下面将详细介绍应用广泛的 MF47 型指针式万用表的结构原理和使用方法,然后介绍数字式万用表的使用方法。

1. 指针式万用表

MF47 型指针式万用表,如图 1-11 所示。

1) 万用表的构造

万用表由表头、测量电路及转换开关 3 个主要部分组成。

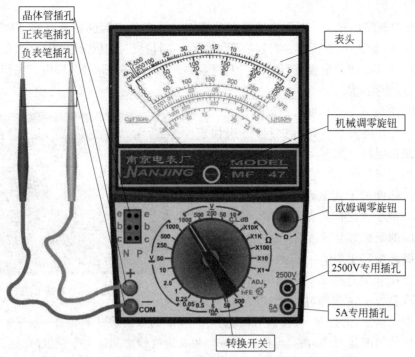

图 1-11　MF47 型指针式万用表实物

（1）万用表包括表头和表盘。

万用表表头是一只电磁式仪表，用来指示被测量的数值。表头灵敏度指针满刻度偏转时，流过表头线圈的是直流电流。万用表性能的好坏很大程度取决于表头的灵敏度，灵敏度越高，其内阻越大，万用表性能也就越好。

万用表表盘除了有与各种测量项目相对应的 6 条标度尺外，还附有各种符号。正确识读标度尺并且理解表盘符号、字母、数字的含义，是使用和维修万用表的基础。

万用表表盘有的标度尺刻度是均匀的，如直流电压、直流电流和交流电压共用标度尺；有的刻度是不均匀的，如电阻、晶体管共射极直流电流放大系数 h_{FE}、电感、电容及音频电平标度尺等。其形状如图 1-12 所示。

图 1-12　MF47 型万用表表盘

第一条刻度：电阻值刻度（读数时从右向左读）；第二条刻度：交、直流电压、电流值刻度（读数时从左向右读）

（2）万用表转换开关。万用表转换开关用来选择各种不同的测量电路，以满足不同量程的测量要求，如图1-13所示。当转换开关处在不同位置时，其相应的固定触点就闭合，万用表就可按各种不同的量程进行测量。万用表的面板上装有标度尺、转换开关旋钮、调零旋钮及端钮（或插孔）等。

2）MF47型万用表标度尺的读法

MF47型万用表有6条标度尺，分别代表了各自的测量项目。其上又用不同的数字及单位标出了相应项目的不同量程。

在均匀标度尺上读取数据时，如遇到指针停留在两条刻度线之间的某个位置，应将两条刻度线之间的距离等分后再估读一个数据。

在欧姆标度尺上只有一组数字，为测量电阻专用。转换开关选择 $R \times 1$ 挡时，在标度尺上直接读取数据。在选择其他挡位时，应乘以

图1-13 转换开关

相应的倍率。例如，选择 $R \times 1K$ 挡时，就要对已读取的数据乘以 1000Ω。这里要指出的是：欧姆标度尺的刻度是不均匀的，当指针停留在两条刻度线之间的某个位置时，估读数据要根据左边和右边刻度缩小或扩大趋势进行估计，尽量减小读数误差。

3）指针式万用表使用注意事项

（1）使用前要认真阅读说明书，充分了解万用表的性能，正确理解表盘上各种符号和字母的含义及各条标度尺的读法，了解和熟悉转换开关等部件的作用和用法。

（2）使用前需观察表头指针是否处于零位（电压、电流标度尺的零点），若不在零位，则应调整表头下方的机械调零旋钮，使其为零，否则测量结果不准确。

（3）进行测量前先检查红、黑表笔连接的位置是否正确。红色表笔接到红色接线柱或标有"＋"号的插孔内，黑色表笔接到黑色接线柱或标有"－"号的插孔内，不能接反，否则在测量直流电量时会因正负极的反接而使指针反转，损坏表头部件。

（4）在表笔连接被测电路之前，一定要查看所选挡位与测量对象是否相符，误用挡位和量程，不但得不到测量结果，反而会损坏万用表。万用表损坏往往就是上述原因造成的。

（5）测量时须用右手握住两支表笔，手指不要触及表笔的金属部分和被测元器件。

（6）测量时若需转换量程，必须在表笔离开电路后才能进行，否则选择开关转动产生的电弧会烧坏选择开关的触点，造成接触不良。

（7）在实际测量中经常要测量多种电量，测量前要注意根据每次测量任务把选择开关转换到相应的挡位和量程，这是初学者最容易忽略的环节。

（8）测量前要根据被测量的项目和大小，把转换开关拨到合适的位置。量程的选择应尽量使表头指针偏转到刻度尺满刻度偏转2/3左右。如果事先无法估计被测量的大小，可从最大量程挡逐渐减小到合适的挡位。每次拿起表笔准备测量时，一定要再次核对测量项目，检查量程是否拨对、拨准。

（9）测量完毕，应将转换开关拨到最高交流电压挡。如果长期不使用，应将万用表内的电池拆下放好。

4) 机械式万用表测量电阻的方法

（1）使用前的准备工作如下。

① 安好电池（注意电池正、负极）。

② 插好表笔。"—"口插黑表笔；"＋"口插红表笔。

③ 机械调零。万用表在测量前应注意水平放置，表头指针应处于交直流挡标尺的零刻度线上，否则读数会产生较大的误差。若不在零位，应通过机械调零的方法（即使用小旋具调整表头下方机械调零旋钮）使指针回到零位。

④ 量程的选择。

第一步：试测。先粗略估计所测电阻阻值，再选择合适的量程。如果被测电阻不能估计其值，一般情况下将开关拨至 $R\times100$ 或 $R\times1K$ 的位置进行初测，然后看指针是否停在中线附近，如果是则说明挡位合适；如果指针靠近零，则要减小挡位；如果指针靠近无穷大，则要增大挡位。

第二步：选择正确挡位。测量时，指针停在中间或附近。

⑤ 欧姆调零。正确选择量程以后在正式测量之前必须调零，否则测量值会存在误差。方法：将红、黑两表笔短接，看指针是否指在零刻度位置，如果没有则调节欧姆调零旋钮，使其指在零刻度位置。重新换挡以后，在正式测量之前必须再次调零。

（2）连接电阻测量。万用表两表笔并接在所测电阻两端进行测量。测量接在电路中的电阻时，须断开电阻的一端或断开与被测电阻并联的所有电路，此外还必须断开电源，对电解电容进行放电，不能带电测量电阻，被测电阻不能有并联支路，如图 1-14 所示。被测电阻值＝表盘电阻读数×挡位倍率。图 1-15 所示为错误的测量方法，双手接触电阻的两端，相当于并联了一个人体的电阻。

图 1-14　电阻的正确测量方法

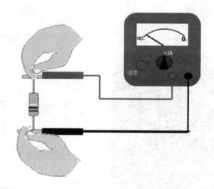

图 1-15　电阻的错误测量方法

5) 机械式万用表电流的测量

测量直流电流时，用转换开关选择适当的直流电流量程，将万用表串联到被测电路中进行测量。测量时注意正、负极性必须正确，应按电流从正到负的方向，即红表笔流入、黑表笔流出。测量大于 500mA 的电流时，应将红表笔插到"5A"插孔内。

6) 机械式万用表电压的测量

测量电压时，用转换开关选择适当的电压量程，将万用表并联在被测电路上进行测量。

10

测量直流电压时，正、负极性必须正确，红表笔应接被测电路的高电位端，黑表笔接低电位端。测量大于500V的电压时，应使用高压测试棒，插在"2500V"插孔内，并注意安全。交流电压的刻度值为交流电压的有效值。被测交、直流电压值，在表盘的相应量程刻度线上读出。

2. 数字式万用表

数字式万用表根据模拟量与数字量之间的转换完成测量，它可以通过数字把测量结果显示出来。因为数字式仪表灵敏度高、准确度高、显示清晰、过载能力强、便于携带、使用更简单，所以应用非常广泛。数字式测量仪表可用来测量交流电压、直流电压、交流电流、直流电流、电阻、电容、频率、二极管及通断测试等工作。

1）数字式万用表的结构

数字式万用表主要由直流数字电压表（DVM）和功能转换器构成，其中数字电压表由数字部分及模拟部分构成，主要包括 A/D（模拟/数字）转换器、显示器（LCD）、逻辑控制电路等。数字式万用表的外观及面板功能如图 1-16 所示，面板上的符号说明如图 1-17 所示。

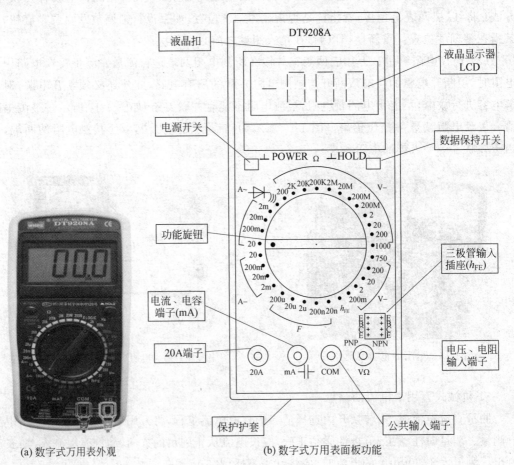

(a) 数字式万用表外观　　　　　(b) 数字式万用表面板功能

图 1-16　数字式万用表

符号	功能
V~	交流电压测量
V⎓	直流电压测量
A~	交流电流测量
A⎓	直流电流测量
Ω	电阻测量
Hz	频率测量
h_{FE}	晶体管测量
F	电容测量
℃	温度测量
▷|	二极管测量
•)))	通断测量

图 1-17　数字式万用表面板符号说明

2）数字式万用表的使用方法

（1）数字式万用表交流电压的测量。如图 1-18 所示，使用时将功能转换开关置于"ACV"挡的相应量程上，将红表笔插入测量插孔"VΩ"，黑表笔插入测量插孔"COM"，两表笔并联在被测电路两端，表笔不分正负。数字表显示的数值为测量端交流电压的有效值。

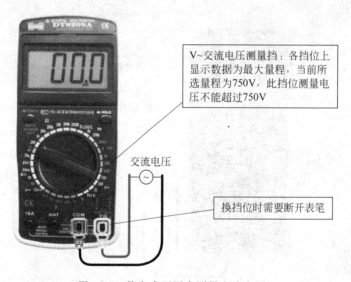

V~交流电压测量挡：各挡位上显示数据为最大量程，当前所选量程为750V，此挡位测量电压不能超过750V

交流电压

换挡位时需要断开表笔

图 1-18　数字式万用表测量交流电压

（2）数字式万用表直流电压的测量。如图 1-19 所示，使用时将功能转换开关置于"DCV"挡的相应位置，将红表笔插入测量插孔"VΩ"，黑表笔插入测量插孔"COM"，两表笔并联在被测电路两端，并使红表笔对应高电位端，黑表笔对应低电位端。此时显示屏显示出相应的电压数字值。

（3）数字式万用表电阻的测量。如图 1-20 所示，使用时将量程转换开关置于"Ω"的5 个相应量程中，无须调零，但测量电阻前需断电。将红表笔插入测量插孔"VΩ"，黑表笔插入测量插孔"COM"，将两表笔短接，显示的数值为万用表内阻值，再将两表笔跨接在被测电阻两端，此时在显示屏上显示的电阻值减去内阻值就是被测电阻的阻值。当用某个量程测阻值显示为"1."时，表示所选量程小了，需要换更大的量程进行测量；数值前显示"."表示量程太大，需要更换小量程进行测量。

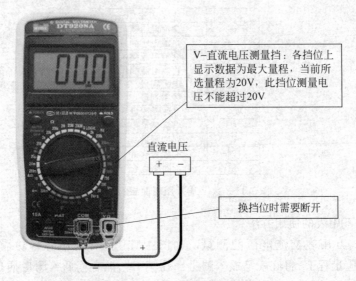

V–直流电压测量挡：各挡位上显示数据为最大量程，当前所选量程为20V，此挡位测量电压不能超过20V

直流电压

换挡位时需要断开

图 1-19　数字式万用表测量直流电压

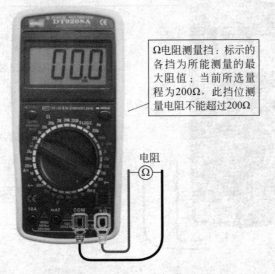

Ω电阻测量挡：标示的各挡为所能测量的最大阻值；当前所选量程为200Ω，此挡位测量电阻不能超过200Ω

电阻

图 1-20　数字式万用表测量电阻

（4）数字式万用表使用注意事项如下。

① 如果无法预先估计被测电压或电流的大小，则应先拨至最高量程挡测量一次，再视情况逐渐把量程减小到合适位置。测量完毕，应将量程开关拨到最高挡位，并关闭电源。

② 满量程时，仪表仅在最高位显示数字"1"，其他位均消失，这时应选择更高的量程。

③ 测量电压时应将数字式万用表与被测电路并联，测量电流时应与被测电路串联。测量直流电流或电压时不必考虑正、负极性。

④ 当误用交流电压挡测量直流电压，或者误用直流电压挡测量交流电压时，显示屏将显示"000"，或低位上的数字出现跳动。

⑤ 禁止在测量高电压(220V 以上)或大电流(0.5A 以上)时更换量程,以防止产生电弧烧毁开关触点。在超出 30V 交流电压均值、42V 交流电压峰值或 60V 直流电压时,使用万用表应特别留意,该类电压会有电击的危险。

⑥ 测试电阻、通断性、二极管或电容以前,必须先切断电源,将所有的高压电容放电。

⑦ 使用测试表笔的探针时,手指应保持在表笔保护盘的后面。

1.2.4　万用表的使用练习

1. 分别使用指针式万用表和数字式万用表测量电阻和交流电压

使用万用表测量电阻和交流电压所需仪表设备、器材、工具、材料如表 1-4 所示。

表 1-4　万用表使用练习实验仪表设备及材料清单

设备、器材、工具、材料	数量	设备、器材、工具、材料	数量
滑动变阻器(200Ω/1A)	若干	指针式万用表(MF47 型)	若干
电阻箱(0~9999Ω)	若干	电池(2 号 1.5V 及 9V)	各一个
单相交流电源电路	若干	数字式万用表	若干
三相交流电源电路	若干		

2. 使用指针式万用表测量电阻

(1) 装上电池(2 号 1.5V 及 9V 各一个),转动开关至所需测量的电阻挡,将表笔两端短接,调整电阻调零旋钮,使指针对准电阻"0"位上。

(2) 测量电路中的电阻时,应先切断电源,如电路中有电容,应先行放电。

(3) 将探头前端跨接在器件两端,或包括被测电阻的电路两端。

(4) 查看读数,确认测量单位:Ω(欧)、kΩ(千欧)、MΩ(兆欧)。

(5) 将测量数据填入表 1-5 中。

3. 使用数字式万用表测量电阻

(1) 测量电阻时,应将红表笔插入"VΩ"插孔,黑表笔插入"COM"插孔。

(2) 将量程开关置于"OHM"或"Ω"的范围内,并选择所需的量程。

(3) 打开万用表的电源,对表进行使用前的检查:将两表笔短接,显示屏应显示"0.00Ω";将两表笔开路,显示屏应显示溢出符号"1"。以上两个显示都正常时,表明该表可以正常使用,否则不能使用。

(4) 检测时将两表笔分别接被测元器件的两端或电路的两端即可。在测量时显示屏显示溢出符号"1",表明量程不合适,应更换更大的量程进行测量。

(5) 在测量中若显示值为"000",表明被测电阻已经短路;若显示值为"1"(量程选择合适的情况下),表明被测电阻器的阻值为无穷大。

(6) 将测量数据填入表 1-5 中。

表 1-5　使用万用表测量电阻数据

测 量 对 象	5Ω	50Ω	500Ω	5kΩ	5MΩ
标称值					
测量值（指针式万用表）					
测量值（数字式万用表）					
误差					

4. 使用万用表测量电阻的注意事项

（1）如果电阻值超过所选的量程值，则会显示"1"，这时应将量程调高一挡。当测量电阻值超过 1MΩ 时，读数需几秒时间才能稳定，这在测量高电阻值时是正常的。

（2）当输入端开路时，显示过载情形。

（3）测量在线电阻时，要确认被测电路所有电源已关断且所有电容都已经完全放电后才可进行。

（4）请勿在电阻量程输入电压。

5. 使用指针式万用表测量交流电压

（1）把转换开关拨到交流电压挡，并选择合适的量程。

（2）将万用表两只表笔并联在被测电路的两端，不分正、负极。

（3）根据指针稳定时的位置及所选量程正确读数，填入表 1-6 中。

6. 使用数字式万用表测量交流电压

（1）测量时，将功能转换开关置于"ACV"挡的相应量程，将红表笔插入测量插孔"VΩ"，黑表笔插入测量插孔"COM"，两表笔并联在被测电路两端，表笔不分正负。

（2）数字式万用表所显示数值为测量端交流电压的有效值。

（3）如果被测电压超过所设定的量程，显示屏显示最高为"1"，表示溢出，此时应将量程调为更高一挡。

（4）将读数填入表 1-6 中。

表 1-6　使用万用表测量交流电压

测 量 对 象	1.5V	9V	36V	220V	380V
标称值					
测量值（指针式万用表）					
测量值（数字式万用表）					
误差					

7. 使用万用表测量交流电压的注意事项

（1）测量交流电压时应选择"ACV"挡位，直流电路选择"DCV"。输入电压切勿超过 1000V，如超过则有损坏仪表线路的危险。

（2）当测量电路时，注意避免身体触及高压电路。

（3）不允许使用电阻挡和电流挡测量电压。

1.2.5　兆欧表

兆欧表又称摇表，是一种测量大电阻（绝缘电阻）的仪表，其表盘刻度以兆欧（MΩ）为单位，常用来测量变压器、电机、电缆、供电线路、电气设备和绝缘材料的绝缘电阻。图 1-21 所示为兆欧表的实物图。各种电压等级的电气设备和线路的绝缘电阻大小都有具体的规定，一般来说，绝缘电阻越大，绝缘性能越好。兆欧表多采用手摇直流发电机提供电源，一般有250V、500V、1000V、2500V 等几种。

图 1-21　兆欧表实物图

1. 兆欧表的使用方法

（1）兆欧表应按被测电气设备或线路的电压等级选用。一般情况下，额定电压在 500V 以下的设备，应选用 500V 或 1000V 的兆欧表，若选用过高电压的兆欧表可能会损坏被测设备的绝缘。额定电压在 500V 以上的设备，应选用 1000~2500V 的兆欧表。若有特殊要求需选用 5000V 兆欧表。

（2）在进行测量前应切断电源，严禁带电测量设备的绝缘。对电容性设备应充分放电，并将被测设备表面擦拭干净，以保障人身安全。测量完毕也应将设备充分放电，放电前切勿用手触及测量部分和兆欧表的接线柱。

（3）测试前先将兆欧表进行一次开路实验和短路实验，检查兆欧表是否良好。将两连接线端（L、E）开路，摇动手柄，指针应指在"∞"处；将两连接线端（L、E）短接，缓慢摇动手柄，指针应指在"0"处，说明兆欧表良好，否则兆欧表有故障，应检修。

（4）测量时，兆欧表应放置平稳，避免表身晃动，由慢渐快摇动手柄，转速约保持在120r/min，至表针摆动到稳定处读出数据，读数的单位为 MΩ。

（5）兆欧表共有 3 个接线端，即线路端 L、接地端 E、屏蔽端 G，测量时必须正确接线。

2. 兆欧表使用注意事项

（1）读数完毕后，不要立即停止摇动手柄，应逐渐减速使手柄慢慢停转，以便通过被测设备的电路和表内的阻尼将电能消耗干净。

（2）如被测电路中有电容时，先持续摇动一段时间，使兆欧表对电容充电，指针稳定后再读数。测量完毕应先取下兆欧表的红色 L 测试线，再停止摇动手柄，防止已充电的电容器将电流反灌入兆欧表导致表损坏。

（3）禁止在雷电时或附近有高压导体的设备上测量绝缘电阻。只有在设备不带电又不会受到其他电源感应而带电的情况下才可测量。

（4）兆欧表应定期校验。校验方法是直接测量有确定值的标准电阻，检查其测量误差是否在允许范围内。

1.3　NI ELVIS Ⅱ＋实验平台使用介绍

1.3.1　NI ELVIS Ⅱ+ 实验平台概述

实验设备 NI ELVIS Ⅱ＋实验平台由美国国家仪器公司 NI(National Instrument)研制，如图 1-22 所示。

图 1-22　NI ELVIS Ⅱ＋实验平台

1.3.2　简单介绍 NI ELVIS Ⅱ+ 实验平台

NI ELVIS 多功能教学实验平台集成了 12 种常用的实验室仪器，而最新的 NI ELVIS Ⅱ＋更配备了 100MS/s 的示波器，能够配合图形化系统设计环境 LabVIEW 设计新的、针对多学科的实验室教学及创新实验，为电子电路、信号处理、测试测量、控制和通信等学科课堂和实验室教学提供了领先的教育平台，如图 1-23 所示。

1.3.3　NI ELVIS Ⅱ+ 虚拟仪器介绍

NI ELVIS Ⅱ＋平台集成了最常用的 12 种虚拟仪器，包括示波器、数字万用表、函数发生器、波特图分析仪等。基于 NI LabVIEW 图形化编程设计软件，不仅使用方便，而且允许快速、简单地测量采集与显示，如图 1-24 所示。

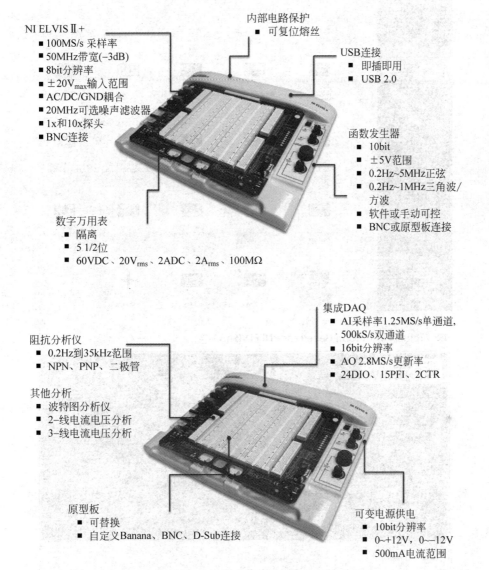

NI ELVIS Ⅱ +
- 100MS/s 采样率
- 50MHz带宽(−3dB)
- 8bit分辨率
- ±20V_{max}输入范围
- AC/DC/GND耦合
- 20MHz可选噪声滤波器
- 1x和10x探头
- BNC连接

内部电路保护
- 可复位熔丝

USB连接
- 即插即用
- USB 2.0

函数发生器
- 10bit
- ±5V范围
- 0.2Hz~5MHz正弦
- 0.2Hz~1MHz三角波/方波
- 软件或手动可控
- BNC或原型板连接

数字万用表
- 隔离
- 5 1/2位
- 60VDC、20V_{rms}、2ADC、2A_{rms}、100MΩ

集成DAQ
- AI采样率1.25MS/s单通道，500kS/s双通道
- 16bit分辨率
- AO 2.8MS/s更新率
- 24DIO、15PFI、2CTR

阻抗分析仪
- 0.2Hz到35kHz范围
- NPN、PNP、二极管

其他分析
- 波特图分析仪
- 2−线电流电压分析
- 3−线电流电压分析

原型板
- 可替换
- 自定义Banana、BNC、D-Sub连接

可变电源供电
- 10bit分辨率
- 0~+12V，0~−12V
- 500mA电流范围

图 1-23　NI ELVIS 教学实验室虚拟仪器套件

1.3.4　NI ELVIS Ⅱ + 电工电子实验套件介绍

基于 NI ELVIS Ⅱ＋平台开发的电工电子实验套件，涵盖电路原理与电工基础、模拟电子技术和数字电子技术三部分的知识。

电路原理与电工基础部分包括基尔霍夫定理实验、戴维南定理实验、RC 选频网络实验、RLC 阻抗特性实验、RLC 串联谐振电路实验以及 RLC 一阶二阶动态响应实验。电路原理实验套件如图 1-25 所示。

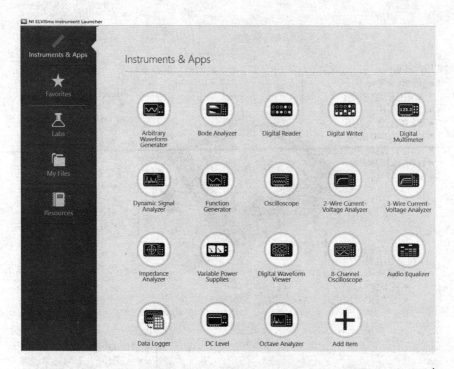

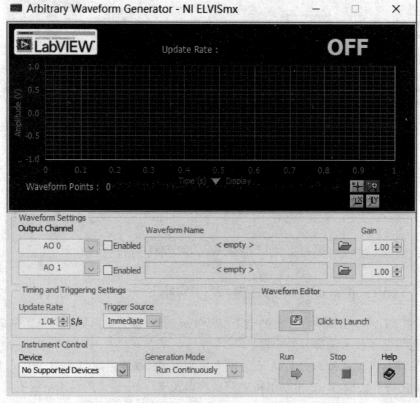

图 1-24   各种虚拟仪器软面板

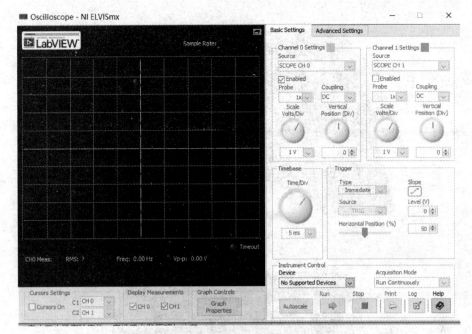

图　1-24(续)

图 1-25　电路原理实验套件

模拟电子技术部分包括共射放大电路实验、负反馈放大电路实验、差分放大电路实验、基本运算放大电路实验、文氏电桥振荡电路、方波发生器实验和方波—三角波转换电路。模拟电子技术实验套件如图 1-26 所示。

数字电子技术包括 TTL 与非门逻辑测试实验、组合逻辑电路实验、半加器实验、基本 RS 触发器实验、JK 触发器实验、D 触发器实验和十进制译码器实验。数字电子技术实验套件如图 1-27 所示。

1.3.5　NI ELVIS Ⅱ+ 电工电子实验程序介绍

3 套电工电子实验套件分别对应 3 套实验程序,每套程序都有一个启动界面,该启动界面集合了对应的实验程序内容,使用者只需在启动界面单击选择对应的实验即可,使用非常方便。各启动界面如图 1-28~图 1-30 所示。

图 1-26　模拟电子技术实验套件

图 1-27　数字电子技术实验套件

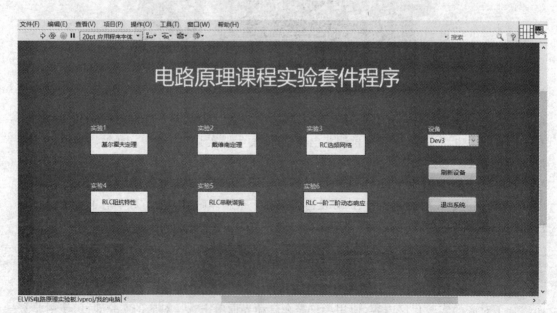

图 1-28　电路原理课程实验套件程序启动界面

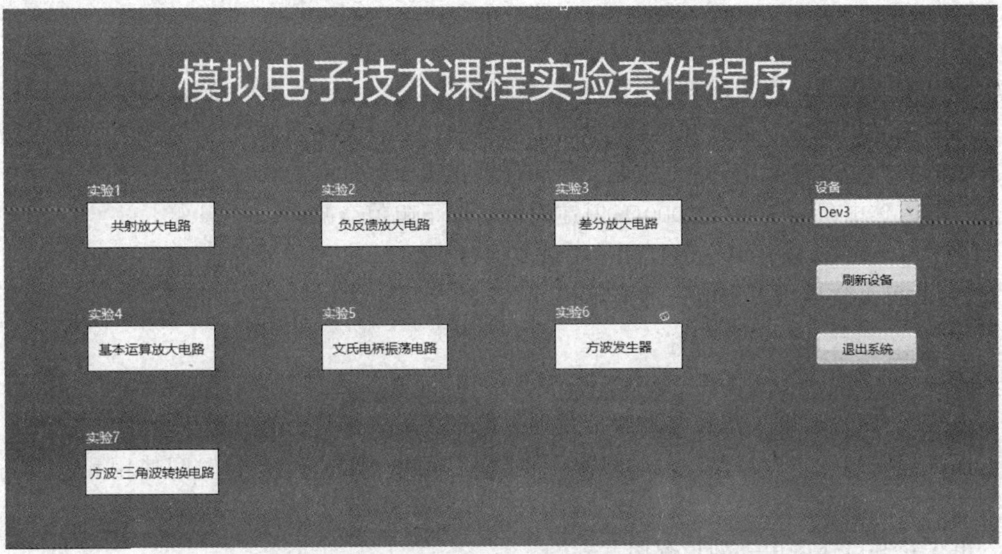

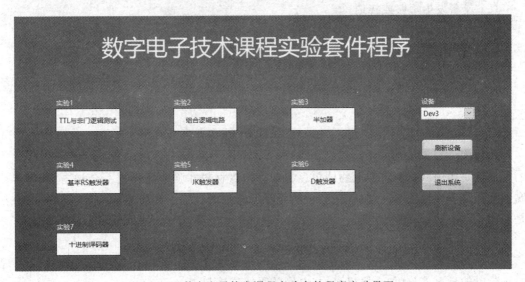

图 1-29　模拟电子技术课程实验套件程序启动界面

图 1-30　数字电子技术课程实验套件程序启动界面

1.4　实　验　安　全

电子设备是现代生活中不可缺少的设备,不仅应用于工业生产,也应用于其他行业和日常生活中。

1.4.1　用电安全常识

用电常见的安全事故为触电、电气火灾及爆炸。

1. 触电

触电分为电击和电伤两种。电击是指较高的电压和较强的电流通过人体,使心、肺、中枢神经系统等重要部位受到破坏,严重的可能致命。电伤是指电弧烧伤、接触通过强电流发生高热的导体引起热烫伤、电光性眼炎等局部性伤害。

一般人体电阻为 $1000\sim2000\Omega$,但在潮湿情况下阻值会减半。

在工频(50Hz)条件下,$40\sim500mA$ 电流通过人体 0.1s 就可能导致心室纤维颤动,危及生命,由此可大致推出安全电压的最高值。

2. 电气火灾及爆炸

电气设备过热、电火花和电弧通常是导致电气火灾及爆炸的直接原因。

电气设备过热多由短路、过载、接触不良、铁芯发热、散热不够、长时间使用和严重漏电等引起。

电火花和电弧多由下列情况引起:

(1) 大电流启动而未使用保护性开关;

(2) 设备发生短路或接地;

(3) 绝缘损坏;

(4) 导线接触不良;

(5) 过电压。

此外,还有静电火花和感应火花等。

3. 用电安全技术措施

1) 绝缘

绝缘是用绝缘材料将带电物体包裹起来。绝缘材料在强电场作用下会被击穿,潮湿或腐蚀性环境下或使用时间过长会变质,从而降低其绝缘性能。测量绝缘性能较常用的方法是使用兆欧表测量其绝缘电阻。

2) 接地和接零

接地是把设备或线路的某一部分与专门的接地导线连接起来。接零是把电气设备正常时不带电的导电部分(如金属机壳)与电网的零线连接起来。

3) 漏电保护装置

漏电保护装置主要用于防止单相触电和因漏电引起的触电事故和火灾事故,也用于监测或切除各种接地故障。其额定电流与动作时间的乘积不超过 $30mA\cdot s$。

4) 安全电压

安全电压是由人体允许的电流和人体电阻等因素决定的。我国对安全电压的规定如下。

(1) 手提照明灯、危险环境的携带式电动工具均应采用 42V 或 36V 安全电压。

(2) 密闭的、特别潮湿的环境所用的照明及电动工具应采用 12V 安全电压。

(3) 水下作业应采用 6V 安全电压。

1.4.2　安全用电规程

（1）任何电气设备未经验电，一律视为有电状态，不准用身体和导电物触摸。

（2）带电工作台不准放置装有液体的容器及与工作无关的导电物体。

（3）电气开关和插座附近严禁堆放导电物品。

（4）严禁乱拉、乱接电气线路。

（5）非专业人员和非指定人员，不得对控制柜和控制开关等电气设备进行操作。

（6）用电时，先打开控制电源总开关，然后打开电源分开关，最后打开终端的用电设备。使用结束后切断电源操作顺序相反。

（7）发现有异味及异常现象应立即切断电源，并通知有关人员，以便及时妥善处理。

（8）不准用湿手或湿物触摸电器、开关、插头、照明灯具。

（9）正确使用插头、插座、开关、电器。

（10）离开岗位前，应检查及断开无用的电源。

（11）当发生人身触电事故和火灾事故时，应立即断开有关设备电源，及时进行抢救并通知相关部门。

（12）电气设备发生火灾时，应首先切断电源，再用四氯化碳、二氧化碳干粉灭火器灭火，严禁使用水和泡沫灭火器灭火。

1.5　电工电子技术实验课堂制度

（1）进入实验室时，要穿好工作服、扣好工作服纽扣，衬衫要系入裤内，不得穿凉鞋、拖鞋、湿鞋、背心进入实操室，女同学不得穿裙子、高跟鞋、戴围巾。

（2）严禁在实验室内吃喝、追逐、打闹、喧哗、玩手机、阅读与实验无关的书刊、收听广播和 MP3 等。

（3）实验过程中要严格遵守安全技术操作规程和各项规章制度。

（4）学生必须在教师的指导下有秩序地进行实验，凡进入实验室者，应当注意安全工作，不得擅自触碰实验室的一切仪表和仪器。

（5）要用科学的态度，严肃认真、实事求是地对待实验项目数据，不得弄虚作假。

（6）注意保持室内的整洁，每次做完实验后应清理使用过的仪表仪器。

（7）人离灯熄，关停电动机，下课要切断电源。

（8）实验室内不得抛掷物品或零件。

（9）学生非本班实验时间无事不能进入实验室，非本实验室实验学生未经教师同意，一律不准进入。

（10）应做好设备和工位使用及交接记录登记。工具附件要清点、抹净后按指定位置放置整齐。

（11）实验室地面不得乱摆放工件杂物和工具箱，地面和墙壁应保持清洁，严禁乱涂乱画。

（12）实验用的工具、刀具、量具、材料等不准私自拿回教室或宿舍。

（13）不得擅自离开工作岗位，有事要先请假，未到下课时间不得擅自离开实验室。

（14）如违反上述纪律，经劝告不改者，指导教师有权取消其实验资格。如因此发生事故，则应追究责任并按章赔偿。

1.6　9S实验场地 9S 管理简介

"9S管理"来源于企业，是现代企业行之有效的现场管理理念和方法。通过规范现场、现物，营造一目了然的工作环境，培养师生良好的工作习惯，其最终目的是提升人的素质，养成良好的工作习惯。

1.6.1　9S 概念

9S 就是整理(Seiri)、整顿(Seiton)、清扫(Seiso)、清洁(Seiketsu)、素养(Shitsuke)、安全(Safety)、节约(Saving)、学习(Study)、服务(Service)9 个项目，因其英语均以"S"开头，故简称为9S。其作用是提高效率、保证质量、使工作环境整洁有序、预防为主和保证安全。

1）整理

定义：区分要用和不用的，留下必要的，其他都清除。

目的：腾出"空间"。

2）整顿

定义：有必要留下的，根据规定摆放整齐，并加以标识。

目的：不用浪费时间找东西。

3）清扫

定义：将工作场所全部清扫干净，并防止污染的发生。

目的：消除"脏污"，保持工作场所干净、明亮。

4）清洁

定义：将上面 3S 实施的做法制度化、规范化，保持成果。

目的：通过制度化维持成果，并显现"异常"所在。

5）素养

定义：每位师生养成良好的习惯，遵守规则，有美誉度。

目的：提升素养，养成工作讲究、认真的习惯。

6）安全

定义：① 管理上制定正确的作业流程，配置适当的工作人员进行监督和指导。

② 对不符合安全规定的隐患及时举报消除。

③ 加强作业人员安全意识教育，一切工作均以安全为前提。

④ 签订安全责任书。

目的：预知危险，防患于未然。

7）节约

定义：减少企业的人力、成本、空间、时间、库存、物料消耗等因素造成的浪费。

目的：养成降低成本的习惯,加强作业人员减少浪费意识教育。

8）学习

定义：从实践和书本中深入学习各项专业技术知识,同时不断地向同事及上级主管学习,从而达到完善自我、提升综合素质的目的。

目的：使企业得到持续改善,培养学习型组织。

9）服务

定义：站在客户(外部客户、内部客户)的立场思考问题,并努力满足客户要求,特别是不能忽视对内部客户(后道工序)的服务。

目的：培养每一个员工树立服务意识。

1.6.2　9S 管理的目的

通过规范现场、现物,营造一目了然的工作环境,培养师生良好的工作习惯,其最终目的是提升人的品质、养成良好的工作习惯。9S 管理是校企合一的体现,在企业现场管理的基础上,通过创建学习型组织不断提升企业文化素养,消除安全隐患、节约成本和时间。实行9S 管理的目的如下。

（1）全面改善现场,创造明朗、有序的实操环境,建设具有示范效应的实操场所。

（2）初步形成改善与创新的文化氛围。

（3）激发全体员工的向心力和归属感;改善员工的精神面貌,使组织充满活力。人人有修养、有尊严、有成就感,并带动改善意识,增加整体活力。

（4）优化管理,减少浪费,降低成本,提高工作效率,塑造一流形象。

（5）形成校企合一的管理制度;建立持续改善的文化氛围。

（6）提高工作场所的安全性。储存明确,物归原位,工作场所宽敞明亮,通道畅通,地上不会随意摆放不该放置的物品。如果工作场所有条不紊,意外的发生也会减少,当然安全就会得到保障。

（7）9S 管理的根本目的是提高人的素质。

1.6.3　9S 管理意识

（1）9S 管理是校园文化的体现,是校企合一教学的需要。职业院校是与生产紧密联系的学校,很多管理都与企业息息相关。校企合一使学生具有企业职业素养是教学目标。

（2）工作再忙也要进行 9S 管理。教学与 9S 管理并不对立,9S 管理是工作的一部分,是一种科学的管理方法,可以应用于生产工作的方方面面。其目的之一就是提高工作效率,解决生产中的忙乱问题。

1.6.4　9S 管理呈现的效果

9S 管理呈现的效果如表 1-7 所示。

表 1-7　9S 管理呈现的效果

9S	对象	实 施 内 容	呈现的效果
整理	物品空间	① 区分要与不要的东西 ② 丢弃或处理不要的东西 ③ 保管要的东西	① 减少空间的浪费 ② 提高物品架子、柜子的利用率 ③ 降低材料、半成品、成品的库存成本
整顿	时间空间	① 物有定位 ② 空间标识 ③ 易于归位	① 缩短换线时间 ② 提高生产线的作业效率
清扫	设备空间	① 扫除异常现象 ② 实施设备自主保养	① 维护责任区的整洁 ② 落实机器设备维修保养计划 ③ 降低机器设备故障率
清洁	环境	① 消除各种污染源 ② 保持前 3S 的成果 ③ 消除浪费	① 提高产品质量、减少返工 ② 提升人员的工作效能 ③ 提升公司形象
素养	人员	① 建立相关的规章制度 ② 教育人员养成守纪律、守标准的习惯	① 消除管理上的突发状况 ② 养成人员的自主管理习惯 ③ 提升员工的素养、士气
安全	人员	① 通过现场整理整顿、现场作业 9S 实施,消除安全隐患 ② 通过现场审核法消除危险源	实现全面安全管理
节约	人员	① 减少成本、空间、时间、库存、物料消耗 ② 内部挖潜,杜绝浪费	① 养成降低成本的习惯 ② 加强操作人员减少浪费的教育
学习	人员	① 学习各项专业技术知识 ② 从实践和书本中获取知识	① 持续改善 ② 培养学习型组织
服务	人员	① 满足客户要求 ② 培养全局意识,我为人人,人人为我	人人时时树立服务意识

1.6.5　9S 作业

　　每位同学从安全、科学、高效 3 个方面出发设计一个实验课流程,流程要体现出从进入实验室到完成整个实验所需实验准备事项、实验过程中的注意事项、实验完成后的注意事项。流程要求清晰、合理、明确。

电路与电工技术实验

2.1 基尔霍夫定律

知识目标

(1) 能够通过公式、文字描述基尔霍夫定律。

(2) 能够科学记录、分析、整理实验数据。

技能目标

(1) 能够正确选择实验仪器及元件材料。

(2) 能够根据实验步骤进行实验。

(3) 能够安全、正确地使用仪器、仪表。

2.1.1 实验目的

(1) 验证基尔霍夫定律。

(2) 验证叠加定律。

(3) 可以安全、正确地完成电路的连线以及实验的操作。

2.1.2 实验流程

实验准备及教学流程如图 2-1 所示。

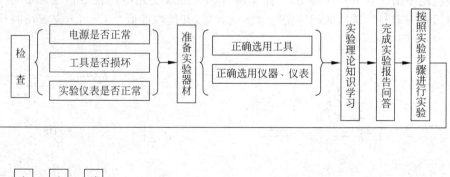

图 2-1 实验教学流程框图

2.1.3 仪表器材列表

单个实验工位所需仪表设备、器材、工具、材料如表 2-1 所示。

表 2-1 器材清单

设备、器材、工具、材料	数量	设备、器材、工具、材料	数量
计算机	1 台	导线	1 套
NI ELVIS Ⅱ ＋实验平台	1 台	电路实验套件	1 套
万用表	1 台		

2.1.4 实验原理

注意：学习实验原理后需完成实验报告的实验准备部分。

1. 基尔霍夫定律

基尔霍夫定律是由德国科学家基尔霍夫提出的关于电路中电压与电流所遵循的基本规律，广泛应用于电路的分析与计算中。基尔霍夫定律分为基尔霍夫第一定律(KCL)和基尔霍夫第二定律(KVL)。

2. 基尔霍夫第一定律

在电路中任意一个节点上，所有流出或流入该节点的电流代数值之和必定为 0。在任一时刻，流入电路任一节点的电流总和等于从该节点流出的电流总和，换句话说就是在任一时刻，流入电路任一节点的电流的代数和为零。这一定律实质上是电流连续性的表现。运用这一定律时必须注意电流的方向，如果不知道电流的真实方向时可以先假设电流的正方向(也称参考方向)，根据参考方向就可写出基尔霍夫的电流定律表达式。通常将流出的电流代数值取"＋"号，流入的电流代数值取"－"号，如图 2-2 所示。

3. 基尔霍夫第二定律

在电路中的任意一个回路中，回路中所有的元件或支路电压代数值之和必定为 0。通常当电压的方向与所选取的回路绕行方向一致时，其代数值取"＋"号，方向相反时其代数值取"－"号，如图 2-3 所示。

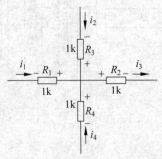

图 2-2 基尔霍夫第一定律

$-i_1-i_2+i_3-i_4=0$

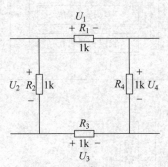

图 2-3 基尔霍夫第二定律

取顺时针方向为绕行方向：$U_1-U_2-U_3+U_4=0$

一个由电动势和电阻元件构成的闭合回路中,必定存在电流的流动,电流是正电荷在电势作用下沿电路移动的集合表现,通常规定正电荷由高电位点向低电位点移动。因此,在一个闭合电路中各点都有确定的电位关系。但是,电路中各点的电位高低都是相对的,所以必须在电路中选定某一点作为比较点(或称参考点),如果设定该点的电位为零,则电路中其余各点的电位就能以该零电位点为参照进行计算或测量。

4. 叠加定理

当一个电路网络中存在多个独立电源时,此时元件上的电压或电流值可以当作各个独立电源单独作用下的电压值或电流值的代数和。当各个独立电源单独作用时,其他独立电源为零,电压源为开路,电流源为短路,如图 2-4 所示。

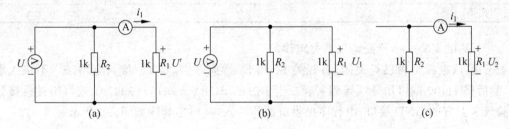

图 2-4 叠加定理

通过叠加定理可得:$U'=U_1+U_2=U+i_1R_1$

2.15 实验内容及步骤

NI ELVIS Ⅱ+实验平台套件上的基尔霍夫定理电路原理图,如图 2-5 所示。

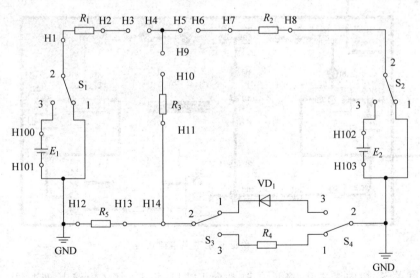

图 2-5 基尔霍夫定理电路原理图

注意:此为参考图,实际实验时,电路拓扑图和阻值可自由选择,以验证基尔霍夫定律为最终目的。

（1）E_1、E_2 为该模块两个电源输入端口，电源输入由程序提供。

（2）S_1、S_2 开关用来选择电源是否使用，S_3、S_4 开关用来选择是 R_4 还是 VD_1 接入电路。

实验步骤如下。

（1）测量阻值。由于实际电阻阻值与其所给数据存在误差，所以应在实验前测量电路中所有的电阻值。

确认电源对应连接，将导线分别从实验板卡上方的 COM 与 V 端口引出，为 NI ELVIS Ⅱ＋实验平台通电，打开相对应的实验程序，通过引出的两根导线即可测量出各个电阻的阻值。将前面板上显示的数值填入表 2-2 中。

表 2-2　阻值数据表　　　　　　　　　　　　　　　　单位：Ω

电阻	R_1	R_2	R_3	R_4	R_5
阻值					

（2）基础实验——验证基尔霍夫定律。

① 确认电源是否已经关闭，将开关 S_1 和 S_2 拨向 3 端，将 E_1 接入电路，E_2 不接入电路，然后将 H100 端口用导线接到实验板卡上方的 SUPY＋端口，将 H101 端口用导线接到实验板卡上方的 GND 端口，由程序提供电源的输入，接线实物图如图 2-6 所示。

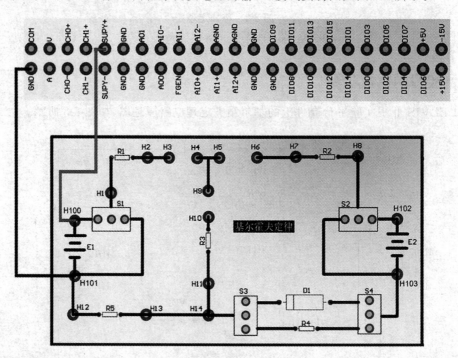

图 2-6　验证基尔霍夫定律接线

② 将开关 S_3 拨向 3 端口，将开关 S_4 拨向 1 端口，将 R_4 接入电路中，然后用导线将 H3 与 H4、H5 与 H6、H9 与 H10 连接起来。

③ 分别用导线将 H1 与 AI0＋、H2 与 AI0－、H7 与 AI1＋、H8 与 AI1－、H10 与 AI2＋、H11 与 AI2－连接起来。

④ 导线全部连接完成后如图 2-7 所示。为 ELVIS 实验平台上电，打开"ELVIS 电路原

理实验程序"文件下的"ELVIS 电路原理实验板.lvproj"项目浏览器,打开"启动界面",选择
"实验 1 基尔霍夫定律",实验程序界面如图 2-8 所示。

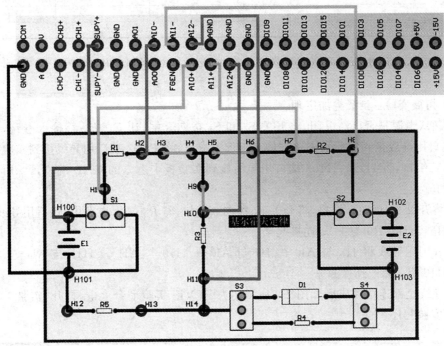

图 2-7　验证基尔霍夫定律接线完成图

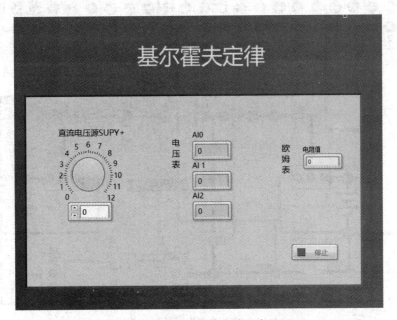

图 2-8　基尔霍夫定律实验程序界面

⑤ 在实验程序前面板上将直流电源 E_1 设置为 $6V$,E_2 设置为 $12V$,将相关实验数据填
入表 2-3 中。

表 2-3　基尔霍夫定律数据表

被测量	E_1/V	E_2/V	U_{R_1}/V	U_{R_2}/V	U_{R_3}/V	U_{R_4}/V	U_{R_5}/V	I_1/mA	I_2/mA	I_3/mA
计算值										
测量值										
相对误差										

⑥ 通过上面的实验以及所得到的实验数据分析,可以得到结论:＿＿＿＿＿＿
＿＿＿＿＿＿＿＿＿＿＿＿＿＿＿＿＿＿＿＿＿＿＿＿＿＿＿＿＿＿＿＿＿＿＿＿＿

(3) 拓展实验:验证叠加定理。

① 确认电源是否已经关闭,将开关 S_1 和 S_2 拨向 3 端,让 E_1、E_2 都接入电路,然后将 H100 端口用导线接到实验板卡上方的 SUPY＋端口,将 H102 端口用导线接到实验板卡上方的＋5V 端口,将 H101、H103 端口用导线接到实验板卡上方的 GND 端口,E_1 由程序提供电源的输入。

② 将开关 S_3 拨向 1 端口,将开关 S_4 拨向 3 端口,将 R_4 接入电路中,然后用导线将 H3 与 H4、H5 与 H6、H9 与 H10 连接起来。

③ 分别用导线将 H8 与 AI0＋、H7 与 AI0－、H10 与 AI1＋、H11 与 AI1－、H13 与 AI2＋、H12 与 AI2－连接起来。

④ 导线全部连接完成后如图 2-9 所示。为 ELVIS 实验平台上电,打开"实验 1 基尔霍夫定律"实验程序。

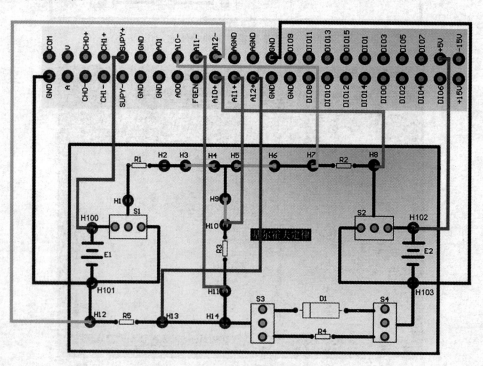

图 2-9　验证叠加定理接线完成图

⑤ 在程序前面板上将 E_1、E_2 的电源输出都设置为＋5V,在实验板卡上改变开关 S_1、S_2,将相关实验数据填入表 2-4 中。

表 2-4 叠加定理数据表

被测量/V	S₁ 接 3 端口、S₂ 接 1 端口（E_1 供电）	S₁ 接 1 端口、S₂ 接 3 端口（E_2 供电）	S₁ 接 3 端口、S₂ 接 3 端口（E_1、E_2 供电）
U_{R_2}			
U_{R_3}			
U_{R_5}			

⑥ 通过上面的实验以及得到的实验数据分析,可以得到结论: _____

2.1.6 实验注意事项

（1）严格按照 NI ELVIS Ⅱ＋实验平台使用要求进行实验,接好电路所有元器件后,应认真检查电路,确认无短路情况,指导教师检查后才可接通电源。

（2）注意正确地把测量仪表接入电路:电压表并联、电流表串联接入电路。在测量过程中要注意及时调整仪表量程或换挡。

（3）在教师的指导下开展实验,在规定时间内完成实验。实验完毕,应对设备进行正常维护,搞好场地卫生,整理好设备。

（4）在实验前完成实验报告中第一～三项内容。

2.1.7 实验报告

实 验 报 告

实验时间: 年 月 日 完成实验用时:

一、基本信息

课程名称: 实验名称:

专业班级: 学生姓名:

学 号:

二、实验准备 1（请在实验前完成）

（1）请用文字和公式描述基尔霍夫第一定律。

（2）请用文字和公式描述基尔霍夫第二定律。

(3) 基尔霍夫第一、第二定律中"＋""－"号分别代表什么含义?

(4) 请用文字描述叠加原理。

三、实验准备 2
请根据实验需求填写实验所需器材。

四、实验数据记录(表 2-5～表 2-7)

表 2-5　记录实验数据　　　　　　　　　　　　单位: Ω

电阻	R_1	R_2	R_3	R_4	R_5
阻值					

表 2-6　基尔霍夫定律数据表

被测量	E_1/V	E_2/V	U_{R_1}/V	U_{R_2}/V	U_{R_3}/V	U_{R_4}/V	U_{R_5}/V	I_1/mA	I_2/mA	I_3/mA
计算值										
测量值										
相对误差										

表 2-7　叠加定理数据表

被测量/V	S_1 接 3 端口、S_2 接 1 端口(E_1 供电)	S_1 接 1 端口、S_2 接 3 端口(E_2 供电)	S_1 接 3 端口、S_2 接 3 端口(E_1、E_2 供电)
U_{R_2}			
U_{R_3}			
U_{R_5}			

五、实验结论分析
(1) 以上记录的实验数据是否可以验证基尔霍夫定律、叠加原理的正确性?

(2) 实验中测量值和额定值之间的相对误差是怎样产生的? 能否避免相对误差?

（3）以上实验结论可以用于分析解决哪些问题？

六、实验总结

（1）通过本次实验学到了哪些知识点？掌握了哪些技能点？

（2）本次实验过程中有哪些不足的地方？犯了哪些错误？

（3）实验过程中的错误和不足会带来什么后果？如何改进、杜绝实验中的不足及错误？

2.1.8 基尔霍夫定理实验评分表

基尔霍夫定理实验评分表，如表 2-8 所示。

表 2-8　基尔霍夫定理实验评分表

序号	主要内容	考核要求	配分	得分	备　注
1	实验过程	实验设备准备齐全	5		
		实验流程正确	10		
		仪器、仪表操作安全、规范、正确	10		
		用电安全、规范	10		
2	实验数据	实验数据记录正确、完整	10		
		实验数据分析完整、正确	15		
3	实验报告	版面整洁、清晰	5		
		数据记录真实、准确、条理清晰	10		
		实验报告内容用语专业、规范	5		
4	职业素养	9S 规范	5		
		与同组、同班同学的合作行为	5		
		与实验指导教师的互动、合作行为	5		
		实验态度	5		
5	实验安全	是否存在安全违规行为，实验过程中是否存在及发生人身、设备安全隐患问题	是	否	参考特别说明
得　分					

特别说明：有违反安全规范、实验过程中存在及发生人身、设备安全隐患的行为一律记为 0 分

符合 9S 管理要求：详见 1.6 节

2.2 戴维南定理

知识目标

(1) 能够通过文字描述戴维南定理原理。

(2) 能够按科学记录、分析、整理实验数据。

技能目标

(1) 能够正确选择实验仪器及元件材料。

(2) 能够根据实验步骤进行实验。

(3) 能够安全、正确地使用仪器、仪表。

2.2.1 实验目的

(1) 验证戴维南定理。

(2) 掌握等效电路的使用方法。

(3) 可以安全、正确地完成电路的连线以及实验操作。

2.2.2 实验流程

实验准备及教学流程如图 2-10 所示。

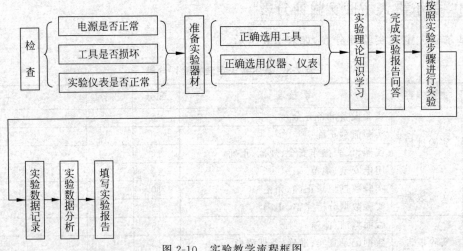

图 2-10 实验教学流程框图

2.2.3 仪表器材列表

单个实验工位所需仪表设备、器材、工具、材料如表 2-9 所示。

表 2-9 器材清单

设备、器材、工具、材料	数量	设备、器材、工具、材料	数量
计算机	1 台	导线	1 套
NI ELVIS Ⅱ ＋实验平台	1 台	电路实验套件	1 套
万用表	1 台		

2.2.4　实验原理

注意：学习实验原理后，完成实验报告的实验准备部分。

1. 等效电阻的定义

根据齐性定理，一个不含独立电源，仅含线性电阻和受控源的一端口网络，其端口输入电压与端口输入电流成比例关系，该比值可以定义为该一端口的输入电阻或等效电阻。

2. 戴维南定理

一个含独立电源、线性电阻和受控源的一端口，对外电路来说，可以用一个电压源和电阻的串联组合等效置换，此电压源的激励电压等于一端口的开路电压，电阻等于一端口内全部独立电源置零后的输入电阻。

3. 诺顿定理

一个含独立电源、线性电阻和受控源的一端口，对外电路来说，可以用一个电流源和电阻并联组合等效置换，电流源的激励电流等于一端口短路电流，电阻等于一端口中全部独立源置零后的输入电阻。

图 2-11　线性含源网络

4. 含源一端口网络

任何一个线性含源网络，如果仅研究其中一条支路的电压和电流，则可将电路的其余部分看作一个有源二端口网络，如图 2-11 所示。

利用戴维南定理可转变为图 2-12 所示网络；利用诺顿定理可等效为图 2-13 所示网络。

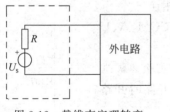

图 2-12　戴维南定理转变

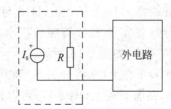

图 2-13　诺顿定理等效

5. 测量等效参数的方法

（1）开路电压、短路电流法测量 R_0。

在有源二端网络输出端开路时，用电压表直接测其输出端的开路电压 U_{oc}，然后再将其输出端短路，用电流表测其短路电流 I_{sc}，则等效内阻为 $R_0 = \dfrac{U_{oc}}{I_{sc}}$。但是如果二端网络的内阻很小，若将其输出端口短路，则易损坏其内部元件，因此不宜采用此方法。

（2）零示法测量 U_{oc}。

在测量具有高内阻有源二端网络的开路电压时，用电压表直接测量会造成较大的误差。为了消除电压表内阻的影响，往往采用零示测量法。零示测量法的原理是用一低阻的稳压电源与被测有源二端网络进行比较，当稳压电源的输出电压与有源二端网络的开路电压相等时，电压表的读数为"0"。然后将电路断开，测量此时稳压电源的输出电压，即为被测有源二端网络的开路电压 U_{oc}。

2.2.5 实验内容及步骤

实验套件上的戴维南定理电路原理如图 2-14 所示，其等效电路如图 2-15 所示。

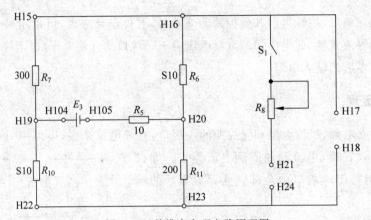

图 2-14 戴维南定理电路原理图

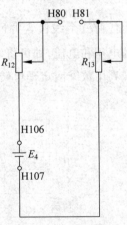

图 2-15 戴维南定理等效电路

实验步骤如下。

（1）确认 NI ELVIS II＋实验平台上的电源是否关闭，使用导线将 H104 端口连接到实验平台上方的 SUPLY＋端口，H105 端口连接到实验平台上方的 GND 端口。

（2）用导线将 H17 与 AI0＋、H18 与 AI0−相连。

（3）用导线将实验平台与实验板卡左侧的 COM、A、U 端口一一对应连接，如图 2-16 所示。

（4）给实验平台上电，将开关 S_1 断开，运行"实验 2 戴维南定理"程序，在前面板上（图 2-17）可以读出 S_1 开路时开路电压 $U_1 =$ _____。

（5）在前面板上选择电流挡，分别连接 COM 和 H17、A 端口与 H18，测量经过 H17、H18 的电流 $I_1 =$ _____；

根据公式 $R = \dfrac{V}{T}$ 可以得到等效电路的内阻阻值为 _____。

（6）将开关 S_1 闭合，改变 R_8 的阻值，测量不同阻值时通过 H21、H24 的电流大小，把数值填写在表 2-10 所示的戴维南定理数据表一中。

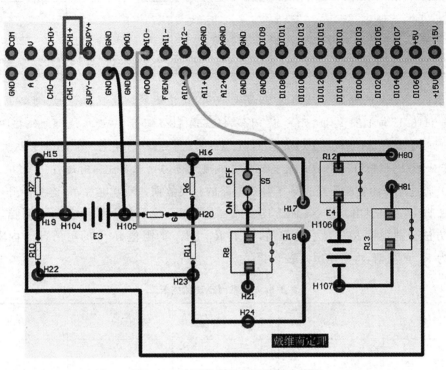

图 2-16 验证戴维南定理接线示意图

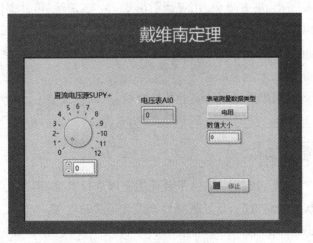

图 2-17 戴维南定理实验程序界面

表 2-10　戴维南定理数据表一

R_8/Ω	200	400	600	800
U_{R_8}/V				
I_{R_8}/A				

提示：R_8 两端的电压值可通过前面板 AO0 直接读取。改变阻值时，可以用导线将 COM 与 H16、U 与 H21 连接，开关 S_1 闭合，H21 与 H24 断开，前面板选择电阻挡即可直接测量。测量电流时，用导线将 COM 与 H21、A 与 H24 连接，开关 S_1 闭合，前面板选择电流挡，即可对流经 H21、H24 的电流进行测量。测量电流与电阻不能同时进行。

（7）通过前面的实验已经得到了等效电路的相关数据。断开电源，将连线断开，用导线将 COM 与 U 端口引出。给 NI ELVIS Ⅱ＋平台通电，打开实验程序，选择电阻挡，用前面介绍的方法分别测量 R_{12}、R_{13} 的阻值，调节 R_{12}、R_{13} 的阻值，R_{12} 的阻值即为内阻阻值，R_{13} 即为 R_8 的阻值，将数据填入表 2-11 中。

表 2-11　戴维南定理数据表二

R_{13}/Ω	200	400	600	800
$U_{R_{13}}/V$				
$I_{R_{13}}/A$				

（8）阻值测量完成后，断开电源，用导线引出 COM 与 A 端口，分别接到 H81 与 H80 端口，再将 H106 与 SUPY＋端口、H107 与 GND 端口相连。给实验平台通电，在前面板上调节 SUPY＋的输出电压值大小，即为 U_{R_8} 的大小。设置为电流挡，观察等效电路中电流的大小。

（9）通过上面的实验以及得到的实验数据分析，可以得到结论：＿＿＿＿＿＿＿＿＿＿＿

＿＿

2.2.6　实验注意事项

（1）严格按照 NI ELVIS Ⅱ＋实验平台使用要求进行实验，接好电路所有元器件后，应认真检查电路，确认无短路情况，指导教师检查后才可接通电源。

（2）正确地把测量仪表接入电路：电压表并联、电流表串联接入电路。在测量过程中要注意及时调整仪表量程或换挡。

（3）在教师的指导下开展实验，在规定时间内完成实验。实验完毕，应对设备进行正常维护，搞好场地卫生，整理好设备。

（4）在实验前完成实验报告中第一～三项内容。

2.2.7　实验报告

实　验　报　告

实验时间：　　　年　　　月　　　日　　　完成实验用时：

一、基本信息

课程名称：　　　　　　　　实验名称：

专业班级：　　　　　　　　学生姓名：

学　　号：

二、实验准备 1（请在实验前完成）

（1）请用文字描述等效电阻。

（2）请用文字和电路图描述诺顿定理和戴维南定理。

（3）诺顿定理和戴维南定理的相同点和不同点是什么？

（4）等效参数的测量方法有哪些？

三、实验准备 2

请根据实验需求填写实验所需器材。

四、实验数据记录

（1）当开关 S_1 为断开状态时，开路电压 $U_1 =$ _____，此时经过 H17 和 H18 的电流 $I_1 =$ _____，计算得到的等效电路阻值 $R_0 =$ _____。

（2）完成表 2-12 和表 2-13 数据的填写。

表 2-12　戴维南定理数据表三

R_8/Ω	200	400	600	800
U_{R_8}/V				
I_{R_8}/A				

表 2-13　戴维南定理数据表四

R_{13}/Ω	200	400	600	800
$U_{R_{13}}/V$				
$I_{R_{13}}/A$				

五、实验结论分析

(1) 根据以上记录的实验数据是否可以验证戴维南定理的正确性？

(2) 实验中测量值和额定值之间的相对误差是如何产生的？能否避免相对误差？

(3) 以上实验结论可以用于分析解决哪些问题？

六、实验总结

(1) 通过本次实验学到了哪些知识点？掌握了哪些技能点？

(2) 本次实验过程中有哪些不足的地方？犯了哪些错误？

(3) 实验过程中的错误和不足会带来什么后果？如何改进、杜绝实验中的不足及错误？

2.2.8　戴维南定理实验评分表

戴维南定理实验评分表如表 2-14 所示。

表 2-14 戴维南定理实验评分表

序号	主要内容	考核要求	配分	得分	备 注
1	实验过程	实验设备准备齐全	5		
		实验流程正确	10		
		仪器、仪表操作安全、规范、正确	10		
		用电安全、规范	10		
2	实验数据	实验数据记录正确、完整	10		
		实验数据分析完整、正确	15		
3	实验报告	版面整洁、清晰	5		
		数据记录真实、准确、条理清晰	10		
		实验报告内容用语专业、规范	5		
4	职业素养	9S 规范	5		
		与同组、同班同学的合作行为	5		
		与实验指导教师的互动、合作行为	5		
		实验态度	5		
5	实验安全	是否存在安全违规行为,实验过程中是否存在及发生人身、设备安全隐患问题	是	否	参考特别说明
得 分					

特别说明:有违反安全规范,实验过程中存在及发生人身、设备安全隐患行为的一律记为 0 分
符合 9S 管理要求:详见 1.6 节

2.3 RC 选频网络实验

知识目标

(1)能够通过公式、文字描述 RC 选频电路原理。

(2)能够按要求撰写实验报告。

技能目标

(1)能够正确选择实验仪器及元件材料。

(2)能够根据实验步骤进行实验。

(3)能够安全、正确地使用仪器、仪表。

2.3.1 实验目的

(1)熟练掌握 RC 选频电路的结构特点和原理应用。

(2)掌握测量选频网络的幅频特性和相频特性的方法。

(3)能够安全、正确地完成电路的连线以及实验操作。

2.3.2 实验流程

实验准备及教学流程如图 2-18 所示。

2.3.3 仪表器材列表

单个实验工位所需仪表设备、器材、工具、材料如表 2-15 所示。

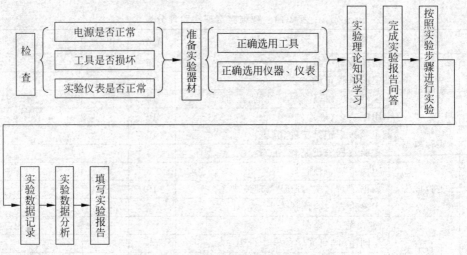

图 2-18　实验教学流程框图

表 2-15　器材清单

设备、器材、工具、材料	数量	设备、器材、工具、材料	数量
计算机	1 台	导线	1 套
NI ELVIS Ⅱ＋实验平台	1 台	电路实验套件	1 套
万用表	1 台		

2.3.4　实验原理

注意：学习实验原理后，完成实验报告实验准备部分。

1. RC 选频电路

RC 文氏振荡电路又称正弦波振荡电路，它是在没有外加输入信号的情况下，依靠电路自激振荡而产生正弦波输出的电路。其结构简单，由 RC 的串并联组成，被广泛应用于低频振荡电路中作为选频环节，可以获得纯度较高的正弦波电压。电路图如图 2-19 所示。

2. 测量 RC 选频电路的幅频曲线

RC 串并联电路有一个特性：其输出电压幅度不仅会随输入信号的频率而改变，而且还会出现一个与输入电压同相位的最大值，如图 2-20 所示。

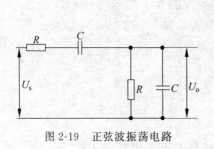

图 2-19　正弦波振荡电路

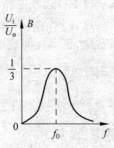

图 2-20　幅频曲线

　　根据这一原理,可以用函数信号发生器的正弦输出信号作为图 2-20 中的激励信号 U_i,并在保持 U_i 值不变的情况下,改变输入信号的频率 f,用示波器测出输出端对应于各个频率点下的输出电压 U_o 值,将这些数据标在以频率 f 为横轴、U_o 为纵轴的坐标上,用一条光滑的曲线连接这些点,该曲线就是上述电路的幅频特性曲线。

　　由电路分析可知,该网络的传递函数为

$$\beta = \frac{1}{3 + j\left(\omega RC - \dfrac{1}{\omega RC}\right)}$$

从公式可知,角频率 $\omega = \dfrac{1}{RC}$ 时,$\beta = \dfrac{1}{3}$ 最大,输出电压的幅值也最高,也即输出电压为输入电压的 $1/3$,此时 U_o 和 U_i 同相,频率同为 $f_0 = \dfrac{1}{2\pi RC}$,该频率同时也称为电路的固有频率。由图 2-19 可知,RC 串并联电路具有带通特性。

3. 测量 RC 选频电路的相频特性

　　将上述电路的输入和输出分别接到示波器的两个输入端,调整输入正弦信号的频率,观测相应的输入和输出波形之间的延迟时间 t 及信号的周期,即可通过公式 $\varphi = \dfrac{t}{T} \times 360°$ 求出两个波形之间的相位差。将各不同频率下的相位差 φ 标在以频率 f 为横坐标、相位差 φ 为纵坐标的坐标上,并用光滑的曲线将这些点连接起来,即得到该网络的相频特性曲线,如图 2-21 所示。

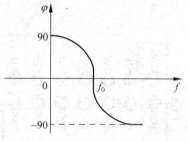

图 2-21　相频特性曲线

　　由上面电路分析可知,角频率 $\omega = \dfrac{1}{RC}$ 时,即 $f = f_0$,U_o 和 U_i 同相,此时相位差为 0,符合相频特性曲线。

2.3.5　实验内容及步骤

　　图 2-22 所示实验电路原理图为本实验的电路原理图。本实验提供了两种 RC 选频网络,供读者比较在固有频率 f_0 不同的情况下,选频网络的幅频特性曲线的不同。

　　注意:由于在波特图中幅频特性曲线的 Y 轴刻度是 $20\lg|A|$,A 为传递函数,故当角频率 $\omega = \dfrac{1}{RC}$、$\beta = \dfrac{1}{3}$ 最大时,Y 轴坐标为 $20\lg\dfrac{1}{3} \approx -9.5$,最大。

　　测量 RC 串联电路幅频特性曲线的步骤如下。

　　(1) 首先确认 NI ELVIS Ⅱ＋实验平台处于断电状态,然后进行连线操作。将 NI ELVIS Ⅱ＋平台左侧的示波器端口 CH0 和 CH1 连至实验板左侧的示波器端口 CH0 和 CH1,将 H27(电路输入端)连接至实验板上方的 FGEN 和 CH0＋,CH1－连接至实验板上方的 AGND,将 H31 连接至实验板上方的 CH1＋,然后将开关转换至 S_6 通、S_8 通、S_7 断、S_9 断,如图 2-23 所示。

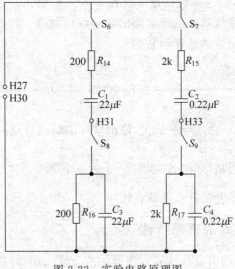

图 2-22 实验电路原理图

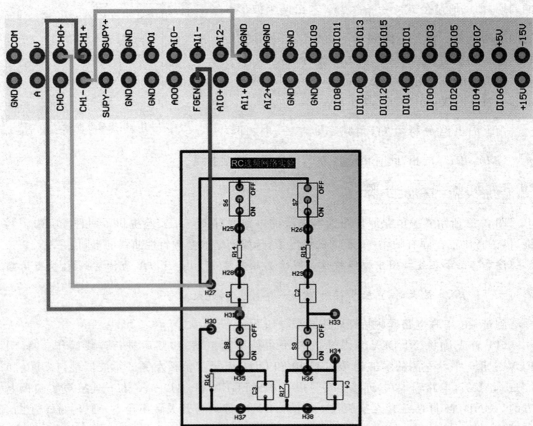

图 2-23 RC 选频网络接线示意图

（2）接通实验板电源，打开图 2-24 所示程序界面。在程序中设置信号源输出峰值为 5V 的正弦信号，设置激励信号通道为 SCOPE CH0，响应信号通道为 SCOPE CH1，起始频率为 1Hz，终止频率为 200kHz，步数为 5。

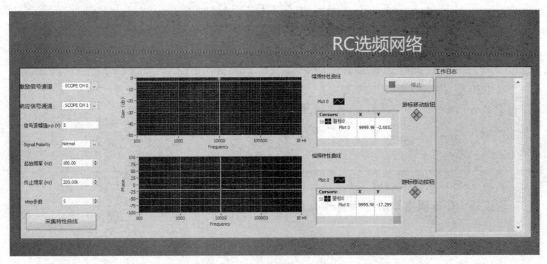

图 2-24　RC 选频网络实验程序界面

（3）单击"采集特性曲线"按钮，程序自动利用波特图仪测量并描绘电路输出的幅频响应曲线和相频响应曲线。

（4）移动游标用于观察幅频响应达到最大时的频率值。根据固有频率的算法完成下列填空，并在图 2-25 中绘制相频特性曲线。观察幅频响应达到最大时的频率值，并对比根据固有频率算法算出的频率值。

（5）更换另一个选频网络，首先关闭实验板电源，然后断开 H31 的连线，将 H33 连接至实验板上方的 CH1＋，将开关转换至 S_6 断、S_8 断、S_7 通、S_9 通，单击"采集特性曲线"按钮，观察幅频响应曲线和相频相应曲线，完成下列填空：

图 2-25　相频特性曲线

观察幅频响应达到最大时的频率值：＿＿＿＿＿＿＿＿＿。

根据固有频率算法算出的频率值：＿＿＿＿＿＿＿＿＿。

（6）通过上面的实验以及得到的实验数据分析，可以得出结论：＿＿＿＿＿＿＿

2.3.6　实验注意事项

（1）严格按照 NI ELVIS Ⅱ＋实验平台使用要求进行实验，接好电路所有元器件后，应认真检查电路，确认无短路情况，指导教师检查后才可接通电源。

（2）正确把测量仪表接入电路：电压表并联、电流表串联接入电路。在测量过程中需注意及时调整仪表量程或换挡。

（3）在教师的指导下开展实验，在规定时间内完成实验。实验完毕，应对设备进行正常维护，搞好场地卫生，整理好设备。

（4）在实验前完成实验报告中第一～三项内容。

2.3.7 实验报告

实 验 报 告

实验时间： 年 月 日 完成实验用时：

一、基本信息

课程名称： 实验名称：

专业班级： 学生姓名：

学　　号：

二、实验准备 1(请在实验前完成)

（1）请描述 RC 选频电路的作用是什么？

（2）请用文字描述 RC 选频电路的幅频曲线特征，在什么时候会达到固有频率？

（3）请用文字描述如何测量 RC 选频电路的相频特性。

三、实验准备 2

请根据实验需求填写实验所需器材。

四、实验数据记录

（1）闭合 S_6 和 S_8，断开 S_7 和 S_9，发出激励信号并采集特性曲线。在图 2-26 和图 2-27 中绘制幅频特性曲线和相频特性曲线。

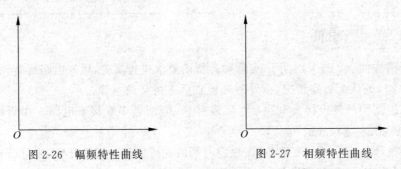

图 2-26　幅频特性曲线　　　　　图 2-27　相频特性曲线

根据幅频特性曲线得到的最大电压为_____,对应的频率值为_____;

根据固有频率算法,计算所得的固有频率为_____。

(2) 闭合 S_7 和 S_9,断开 S_6 和 S_8,发出激励信号并采集特性曲线。在图 2-28 和图 2-29 中绘制幅频特性曲线和相频特性曲线。

图 2-28　幅频特性曲线　　　　　　图 2-29　相频特性曲线

根据幅频特性曲线得到的最大电压为_____,对应的频率值为_____;

根据固有频率算法,计算所得的固有频率为_____。

五、实验结论分析

(1) 根据以上记录可以验证选频网络过滤指定频率的信号吗?

(2) 实验中测量值和额定值之间的相对误差是如何产生的? 能否避免相对误差?

(3) 以上实验结论可以用于分析解决哪些问题?

六、实验总结

(1) 通过本次实验学到了哪些知识点? 掌握了哪些技能点?

(2) 本次实验过程中有哪些不足的地方? 犯了哪些错误?

(3) 实验过程中的错误和不足会带来什么后果? 如何改进、杜绝实验中的不足及错误?

2.3.8 RC 选频网络实验评分表

RC 选频网络实验评分表如表 2-16 所示。

表 2-16 RC 选频网络实验评分表

序号	主要内容	考 核 要 求	配分	得分	备　　注
1	实验过程	实验设备准备齐全	5		
		实验流程正确	10		
		仪器、仪表操作安全、规范、正确	10		
		用电安全、规范	10		
2	实验数据	实验数据记录正确、完整	10		
		实验数据分析完整、正确	15		
3	实验报告	版面整洁、清晰	5		
		数据记录真实、准确、条理清晰	10		
		实验报告内容用语专业、规范	5		
4	职业素养	9S 规范	5		
		与同组、同班同学的合作行为	5		
		与实验指导教师的互动、合作行为	5		
		实验态度	5		
5	实验安全	是否存在安全违规行为,实验过程中是否存在及发生人身、设备安全隐患问题	是	否	参考特别说明
得　　分					

特别说明:有违反安全规范、实验过程中存在及发生人身、设备安全隐患的行为一律记为 0 分
符合 9S 管理要求:详见 1.6 节

2.4 RLC 元件阻抗特性

知识目标

(1) 能够使用公式描述元件阻抗的大小。
(2) 能够绘制元件阻抗曲线。
(3) 能够科学记录、分析、整理实验数据。

技能目标

(1) 能够正确选择实验仪器及元件材料。
(2) 能够根据实验步骤进行实验。
(3) 能够安全、正确地使用仪器、仪表。

2.4.1 实验目的

(1) 了解并掌握 RLC 元件的阻抗特性。
(2) 能够通过实验验证 RLC 元件的阻抗特性。
(3) 能够更好地掌握实验技能与方法。

2.4.2　实验流程

实验准备及教学流程如图 2-30 所示。

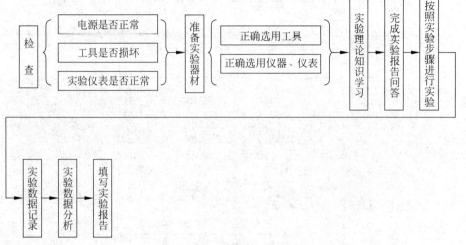

图 2-30　实验准备及教学流程框图

2.4.3　仪表器材列表

单个实验工位所需仪表设备、器材、工具、材料如表 2-17 所示。

表 2-17　器材清单

设备、器材、工具、材料	数量	设备、器材、工具、材料	数量
计算机	1 台	导线	1 套
NI ELVIS Ⅱ＋实验平台	1 台	电路实验套件	1 套
万用表	1 台		

2.4.4　实验原理

注意：学习实验原理后，完成实验报告实验准备部分。

（1）阻抗。阻抗即为电阻、电感、电容在电路中对电流的阻碍作用。

$$电阻阻抗：Z_R = R \quad 电感阻抗：Z_L = j\omega L \quad 电容阻抗：Z_C = j\frac{1}{\omega C}$$

（2）正弦交流电。正弦交流电是指交流电的大小和方向按照正弦函数的规律随时间的变化而变化。

（3）阻抗特性。电阻、电感、电容的阻抗随输入交流电的频率变化而发生不同的变化。图 2-31 所示为不同元件的阻抗随频率的变化而变化的曲线。

2.4.5　实验内容及步骤

实验套件上的 RLC 元件阻抗特性电路原理图如图 2-32 所示。

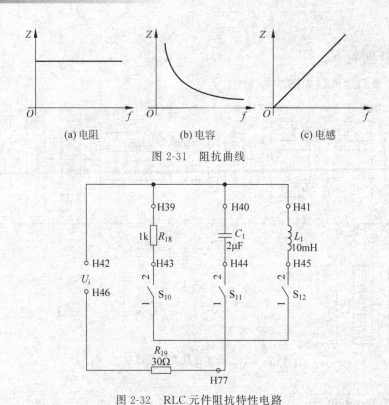

图 2-31   阻抗曲线

图 2-32   RLC 元件阻抗特性电路

通过开关 S_{10}、S_{11}、S_{12} 决定 RLC 中的哪个元件接入电路。实验过程中一次只接入一个元件。实验步骤如下。

（1）确认电源是否已经关闭，用导线将 FGEN 端口与 H42、AGND 端口与 H46 连接。

（2）用导线将实验平台与实验板卡左侧的 COM、A、U 端口一一对应连接，实验板卡上方的 COM 与 U 端口用导线引出，将 COM 端口与 H77、U 端口与 H39 相连。闭合 S_{10}，断开 S_{11}、S_{12}，如图 2-33 所示。

给实验平台通电，打开"实验 3 RC 选频网络"程序，按图 2-34 所示电路原理实验套件程序启动界面。设置输出的电压值为 10V，按表 2-18 的频率数据改变频率，记录 R_{18} 相应的电压值大小，并在图 2-35 中画出电压值随频率的变化曲线（改变频率时，电压值会有短暂的延时才会发生变化，不要改变过快）。

表 2-18   实验数据记录

频率/Hz	500	1000	1500	2000	2500	3000
电压值/V						

（3）闭合 S_{10}，断开 S_{11}，按表 2-19 所示的频率数据改变频率，将 C_5 相应的电压值填入表 2-19 中，并在图 2-36 中画出电压值随频率的变化曲线（改变频率时，电压值会有短暂的延时才会发生变化，不要改变过快）。

表 2-19   实验数据记录

频率/Hz	500	1000	1500	2000	2500	3000
电压值/V						

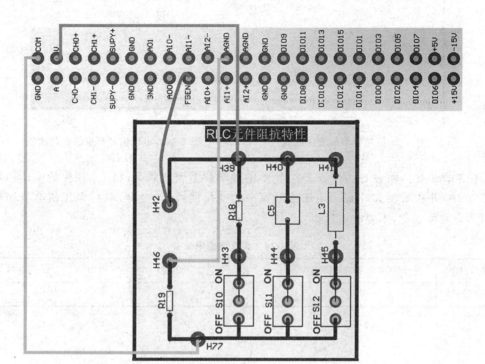

图 2-33　RLC 元件阻抗特性实验接线示意图

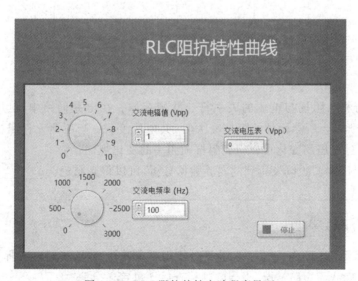

图 2-34　RLC 阻抗特性实验程序界面

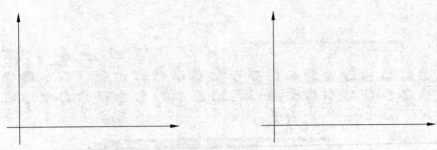

图 2-35 电压值随频率的变化曲线   图 2-36 电压值随频率的变化曲线

(4) 断开 S_{11}，闭合 S_{12}，按表 2-20 所示的频率数据改变频率，将 L_3 相应的电压值填入表 2-20 中，并在图 2-37 中画出电压值随频率的变化曲线（改变频率时，电压值会有短暂的延时才会发生变化，不要改变过快）。

表 2-20 实验数据记录

频率/Hz	500	1000	1500	2000	2500	3000
电压值/V						

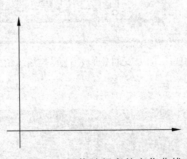

图 2-37 电压值随频率的变化曲线

(5) 实验分析。阻抗与电压的关系符合欧姆定律。在电路回路中，电压源大小不变，R_{19} 阻抗不变，所以当所测元件的阻抗变大时，其电压变大；当所测元件阻抗变小时，其电压变小，所以通过电压的变化可以得到阻抗随频率的变化规律。

(6) 通过上面的实验以及得到的实验数据分析，可以得到结论：_____

2.4.6 实验注意事项

(1) 严格按照 NI ELVIS Ⅱ＋实验平台使用要求进行实验，接好电路所有元器件后，应认真检查电路，确认无短路情况，指导教师检查后才可接通电源。

(2) 正确地把测量仪表接入电路：电压表并联、电流表串联接入电路。在测量过程中要注意及时调整仪表量程或换挡。

(3) 在教师的指导下开展实验，在规定时间内完成实验。实验完毕，应对设备进行正常维护，搞好场地卫生，整理好设备。

(4) 在实验前完成实验报告中第一～三项内容。

2.4.7　实验报告

实 验 报 告

实验时间：　　　年　　　月　　　日　　　完成实验用时：

一、基本信息

课程名称：　　　　　　　　实验名称：

专业班级：　　　　　　　　学生姓名：

学　　　号：

二、实验准备 1（请在实验前完成）

（1）请写出电阻、电感、电容的阻抗计算公式。

（2）请用文字描述正弦交流电。

（3）请描述阻抗的特性，并说明电阻、电感、电容阻抗特性有什么不同。

三、实验准备 2

请根据实验需求填写实验所需器材。

四、实验数据记录

将实验数据记录在表 2-21～表 2-23 中，并在图 2-38～图 2-40 中绘制相应的特性曲线。

表 2-21　电阻阻抗特性

频率/Hz	500	1000	1500	2000	2500
电压值/V					

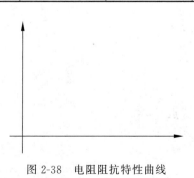

图 2-38　电阻阻抗特性曲线

表 2-22　电容阻抗特性

频率/Hz	500	1000	1500	2000	2500
电压值/V					

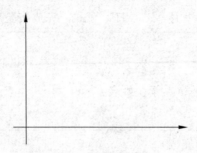

图 2-39　电容阻抗特性曲线

表 2-23　电感阻抗特性

频率/Hz	500	1000	1500	2000	2500
电压值/V					

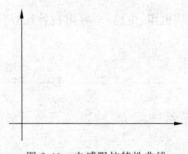

图 2-40　电感阻抗特性曲线

五、实验结论分析

（1）电阻的阻抗特性有什么特点？

（2）电容的阻抗特性有什么特点？

（3）电感的阻抗特性有什么特点？

六、实验总结

(1) 通过本次实验学到了哪些知识点？掌握了哪些技能点？

(2) 本次实验过程中有哪些不足的地方？犯了哪些错误？

(3) 实验过程中的错误和不足会带来什么后果？如何改进、杜绝实验中的不足及错误？

2.4.8　RLC 元件阻抗特性实验评分表

RLC 元件阻抗特性实验评分表如表 2-24 所示。

表 2-24　RLC 元件阻抗特性实验评分表

序号	主要内容	考核要求	配分	得分	备　注
1	实验过程	实验设备准备齐全	5		
		实验流程正确	10		
		仪器、仪表操作安全、规范、正确	10		
		用电安全、规范	10		
2	实验数据	实验数据记录正确、完整	10		
		实验数据分析完整、正确	15		
3	实验报告	版面整洁、清晰	5		
		数据记录真实、准确、条理清晰	10		
		实验报告内容用语专业、规范	5		
4	职业素养	9S 规范	5		
		与同组、同班同学的合作行为	5		
		与实验指导教师的互动、合作行为	5		
		实验态度	5		
5	实验安全	是否存在安全违规行为,实验过程中是否存在及发生人身、设备安全隐患问题	是	否	参考特别说明
得　　分					

特别说明：有违反安全规范、实验过程中存在及发生人身、设备安全隐患的行为一律记为 0 分

符合 9S 管理要求：详见 1.6 节

2.5　RLC串联谐振电路

知识目标

（1）能够通过公式、文字描述 RLC 串联谐振电路的工作原理。

（2）能够科学记录、分析、整理实验数据。

技能目标

（1）能够正确选择实验仪器及元件材料。

（2）能够根据实验原理进行实验，熟练掌握仪器、仪表的使用技术。

（3）能够用实验进行数据验证。

2.5.1　实验目的

（1）学会测量 RLC 串联电路的谐振频率，并能求出品质因数和绘制频率特性曲线。

（2）掌握 RLC 串联电路的一些重要特征。

（3）了解品质因数对带宽的影响。

2.5.2　实验流程

实验准备及教学流程如图 2-41 所示。

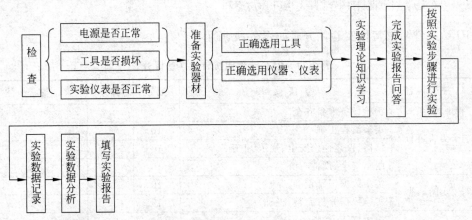

图 2-41　实验准备及教学流程框图

2.5.3　仪表器材列表

单个实验工位所需仪表设备、器材、工具、材料如表 2-25 所示。

表 2-25 器材清单

设备、器材、工具、材料	数量	设备、器材、工具、材料	数量
计算机	1台	导线	1套
NI ELVIS Ⅱ+实验平台	1台	电路实验套件	1套
万用表	1台		

2.5.4　实验原理

1. RLC 串联电路

图 2-42 所示为 RLC 串联电路,在可变频的正线电压源 U_s 激励下,由于感抗、容抗随频率变动,所以电路中的电压、电流响应也随频率而变动。

根据相量法得电路的输入阻抗为

$$Z(j\omega) = R + j\left(\omega L - \frac{1}{\omega C}\right)$$

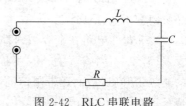

图 2-42　RLC 串联电路

可以看出,串联电路中同时存在电感 L 和电容 C,感抗与 ω 成正比,容抗与 ω 成反比,而且两者的频率特性直接相减。故存在一个角频率 ω 使感抗和容抗相互完全抵消,称该角频率为谐振频率,记做 ω_0;当输入的电源 $\omega = \omega_0$ 时,整个电路显电阻性,L、C 串联端口相当于短路,但它们两端的电压分别都不等于零,两者模值相等且反相。当输入的电源 $\omega < \omega_0$ 时,整个电路处于容性区。当输入的电源 $\omega > \omega_0$ 时,整个电路处于感性区。

2. RLC 串联电路的重要特征

(1) 电路发生谐振时的角频率,即

$$\omega_0 = \frac{1}{\sqrt{LC}}$$

频率为

$$f_0 = \frac{1}{2\pi\sqrt{LC}}$$

每个 RLC 串联电路的谐振频率仅有一个,且仅与电路中 L、C 有关,与 R 无关。如果 L、C 可调,则 RLC 串联电路就具有选择任一频率谐振的性能。

RLC 串联电路发生谐振时的突出标志:当 RLC 串联电路处于谐振状态时,电路的输入阻抗最小并且等于 R,此时电流为极大值(最大值)。R 是唯一能控制和调节谐振峰的电路元件。

(2) 品质因数。当电路处于谐振状态时,电抗电压(电容和电感的阻抗承载的电压和)为

$$U_x(j\omega_0) = 0$$

$$U_x(j\omega_0) = j\left(\omega_0 L - \frac{1}{\omega_0 C}\right) \cdot I(j\omega_0)$$

$$= j\frac{\omega_0 L}{R}U_x(j\omega_0) - j\frac{1}{\omega_0 CR}U_x(j\omega_0)$$

$$= 0$$

将上式中 $\dfrac{\omega_0 L}{R}$、$\dfrac{1}{\omega_0 CR}$ 定义为谐振电路的品质因数 Q，Q 可以通过测定谐振时的电感或电容电压求得，即

$$Q = \frac{U_C(\mathrm{j}\omega_0)}{U_x(\mathrm{j}\omega_0)} = \frac{U_L(\mathrm{j}\omega_0)}{U_x(\mathrm{j}\omega_0)} = \frac{\omega_0 L}{R} = \frac{1}{\omega_0 CR} = \frac{1}{R}\sqrt{\frac{L}{C}}$$

（3）RLC 串联电路的抑非能力。RLC 串联电路对非谐振频率的信号有抑制能力，该能力主要取决于信号偏离谐振频率后，电路电抗的增量与谐振时阻抗的比值；该比值与电路的品质因数 Q 成正比。

（4）带宽。电路在全频域内都有信号的输出，但只有在谐振点附近的邻域内输出幅度较大，具有工程实际应用价值，工程上限定一个输出幅度指标来界定频率范围，划分谐振电路的通频带和阻带，而通带限定的频域范围称为带宽，记为 BW，BW 值与电路的品质因数 Q 成反比。

2.5.5 实验内容及步骤

图 2-43 所示为本实验的电路原理图，本实验提供了两种电阻，便于观察到不同的 R 值对谐振峰的影响（在本次实验中采用波特图中幅值的变化来看阻抗的变化）。

测量 RLC 串联谐振幅频特性曲线的步骤如下。

（1）首先确保 NI ELVIS Ⅱ＋实验平台处于断电状态，然后进行连线操作，将平台左侧的示波器端口 CH0 和 CH1 分别连至实验板左侧的示波器端口 CH0 和 CH1；将 H48 连接至实验板上方的 FGEN 和 CH0＋，将 H50 连接至实验板上方的 CH0－、CH1－ 和 AGND，将 H49 连接至实验板上方的 CH1＋，然后将开关转换 S_{13} 通、S_{14} 断，如图 2-44 所示。

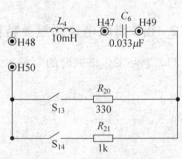

图 2-43　RLC 电路原理图

（2）打开实验板电源，在程序中设置信号源输出峰值为 5V 的正弦信号，设置激励信号通道为 SCOPE CH0，响应信号通道为 SCOPE CH1，起始频率为 100Hz，终止频率为 200kHz，步进数为 5，如图 2-45 所示。

（3）单击"采集特性曲线"按钮，程序自动利用波特图仪测量并描绘电路输出的幅频响应和相频响应曲线。

（4）移动游标观察幅频响应达到最大时的频率值，根据谐振频率的算法，完成下列填空。

观察幅频响应达到最大时的频率值：＿＿＿＿＿＿＿＿＿。

根据谐振频率算法算出的频率值：＿＿＿＿＿＿＿＿＿。

此时幅频响应最大值为：＿＿＿＿＿＿＿＿＿。

将幅频特性曲线大致绘于图 2-46 中。

（5）将实验板电源关闭，将开关转换至 S_{13} 断、S_{14} 通，打开实验板电源，观察幅频响应达到最大时的频率值，根据谐振频率的算法，完成下列填空。

观察幅频响应达到最大时的频率值：＿＿＿＿＿＿＿＿＿。

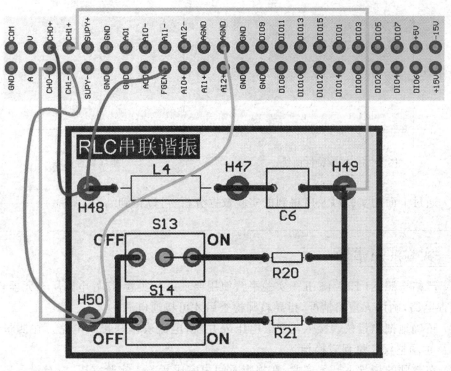

图 2-44　RLC 串联谐振电路实验接线示意图

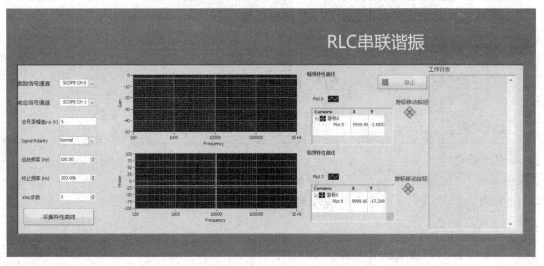

图 2-45　RLC 串联谐振实验程序界面图

根据谐振频率算法算出的频率值：_____。

此时幅频响应最大值为：_____。

将幅频特性曲线大致绘于图 2-47 中。

（6）观察两次得到的幅频特性曲线，判断两条特性曲线中谁的带宽比较大？为什么？

说出你的想法：_____

_____

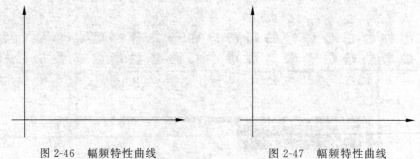

图 2-46　幅频特性曲线　　　　　　图 2-47　幅频特性曲线

（7）通过上面的实验以及所得到的实验数据分析，可以得到结论：——————

25.6　实验注意事项

（1）严格按照 NI ELVIS Ⅱ＋实验平台使用要求进行实验，接好电路所有元器件后，应认真检查电路，确认无短路情况，指导教师检查后才可接通电源。

（2）正确地把测量仪表接入电路：电压表并联，电流表串联接入电路。在测量过程中要注意及时调整仪表量程或换挡。

（3）在教师的指导下开展实验，在规定时间内完成实验。实验完毕，应对设备进行正常维护，搞好场地卫生，整理好设备。

（4）在实验前完成实验报告中第一～三项内容。

25.7　实验报告

实 验 报 告

实验时间：　　　年　　　月　　　日　　　完成实验用时

一、基本信息

课程名称：　　　　　　　　　实验名称：

专业班级：　　　　　　　　　学生姓名：

学　　　号：

二、实验准备 1(请在实验前完成)

（1）如何计算 RLC 串联谐振电路的阻抗？请写出阻抗的计算公式。

（2）RLC 串联谐振电路发生谐振时会有什么现象？

（3）请用文字描述品质因数是什么，并写出品质因数的公式。

（4）请用文字描述 RLC 串联谐振电路的抑非能力。

三、实验准备 2

请根据实验需求填写实验所需器材。

四、实验数据记录

（1）S_{13} 通、S_{14} 断时，幅频响应的最大值为＿＿＿＿，此时的频率值为＿＿＿＿，根据谐振频率算法算出的频率值为＿＿＿＿。

将幅频特性曲线大致绘于图 2-48 中。

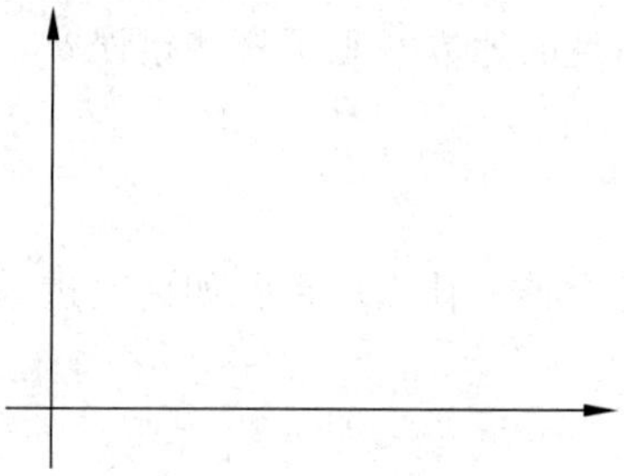

图 2-48　幅频特性曲线

（2）S_{14} 通、S_{13} 断时，幅频响应的最大值为＿＿＿＿，此时的频率值为＿＿＿＿，根据谐振频率算法算出的频率值为＿＿＿＿。

将幅频特性曲线大致绘于图 2-49 中。

图 2-49　幅频特性曲线

五、实验结论分析

（1）从实验数据可以得出 RLC 串联谐振电路能够筛选指定频率的型号吗？

（2）对比两条幅频曲线，哪个的带宽更大？带宽与品质因数 Q 的关系如何？

（3）RLC 串联电路的这种特性可以有什么应用场景？

六、实验总结

（1）通过本次实验学到了哪些知识点？掌握了哪些技能点？

（2）本次实验过程中有哪些不足的地方？犯了哪些错误？

（3）实验过程中的错误和不足会带来什么后果？如何改进、杜绝实验中的不足及错误？

25.8 RLC 串联谐振实验评分表

RLC 串联谐振实验评分表如表 2-26 所示。

表 2-26　RLC 串联谐振实验评分表

序号	主要内容	考核要求	配分	得分	备注
1	实验过程	实验设备准备齐全	5		
		实验流程正确	10		
		仪器、仪表操作安全、规范、正确	10		
		用电安全、规范	10		
2	实验数据	实验数据记录正确、完整	10		
		实验数据分析完整、正确	15		

续表

序号	主要内容	考核要求	配分	得分	备注
3	实验报告	版面整洁、清晰	5		
		数据记录真实、准确、条理清晰	10		
		实验报告内容用语专业、规范	5		
4	职业素养	9S 规范	5		
		与同组、同班同学的合作行为	5		
		与实验指导教师的互动、合作行为	5		
		实验态度	5		
5	实验安全	是否存在安全违规行为,实验过程中是否存在及发生人身、设备安全隐患问题	是	否	参考特别说明
得　分					

特别说明:有违反安全规范、实验过程中存在及发生人身、设备安全隐患的行为一律记为 0 分

符合 9S 管理要求:详见 1.6 节

2.6　一阶、二阶电路的动态响应

知识目标

(1) 能够通过公式、文字描述一阶和二阶电路的动态响应。

(2) 能够科学记录、分析、整理实验数据。

技能目标

(1) 能够正确选择实验仪器及元件材料。

(2) 能够根据实验原理进行实验,熟练掌握仪器、仪表的使用技术。

(3) 能够用实验进行数据验证。

2.6.1　实验目的

(1) 理解并掌握一阶、二阶电路的动态分析方法。

(2) 掌握一阶和二阶电路零输入响应、零状态响应的测量方法。

(3) 理解欠阻尼、临界阻尼、过阻尼的意义。

2.6.2　实验流程

实验准备及教学流程如图 2-50 所示。

2.6.3　仪表器材列表

单个实验工位所需仪表设备、器材、工具、材料如表 2-27 所示。

表 2-27　器材清单

设备、器材、工具、材料	数量	设备、器材、工具、材料	数量
计算机	1 台	导线	1 套
NI ELVIS Ⅱ＋实验平台	1 台	电路实验套件	1 套
万用表	1 台		

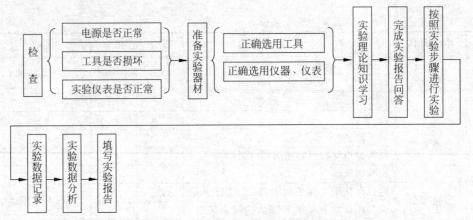

图 2-50　实验准备及教学流程框图

2.6.4　实验原理

1. 一阶、二阶电路

含有电感、电容储能元件的电路,其响应可由微分方程求解,若响应电路经过电阻、电容、电感的串并联简化后,仅含有一个储能元件所列的是一阶微分方程,称为一阶电路。若响应电路简化后含有两个独立的储能元件,建立的是二阶微分方程,称为二阶电路。

2. 零输入响应

由于电路中存在储能元件,当储能元件有初始储能时,即使没有给电路施加激励,电路也会有响应。在没有外加激励时,仅有 $t=0$ 时刻的非零初始状态引起的响应称为零输入响应。取决于初始状态和电路特性,这种响应随时间按指数规律衰减。

3. 零状态响应

零状态响应是指电路的储能元器件(电容、电感类元件)无初始储能,仅由外部激励作用产生的响应。零状态响应是系统在无初始储能或称为状态为零的情况下,仅由外加激励源引起的响应。根据叠加原理,将零输入响应与零状态响应两个分量进行叠加,即可得到全响应。

2.6.5　实验内容及步骤

1. 一阶 RC 电路

一阶 RC 电路如图 2-51 所示。

断开所有开关,闭合开关 S_{32}、S_{19}、S_{27},连接电源与输入信号。

1) 一阶 RC 电路的零输入响应

(1) 用导线连接 H57 和 SUPY+,H60 和 GND,H61 和 AI0+,H76 和 AI0−、AI1+,H64 和 AI1−,闭合 ELVIS 右上方电源,将开关 S_{30} 打到左边,给储能元件充电,如图 2-52 所示。

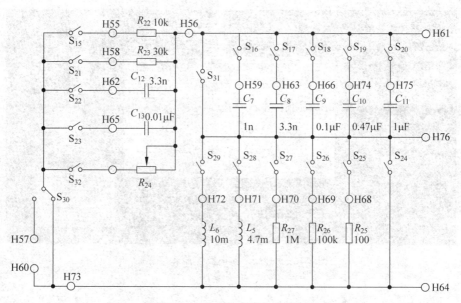

图 2-51　一阶 RC 电路实验原理图

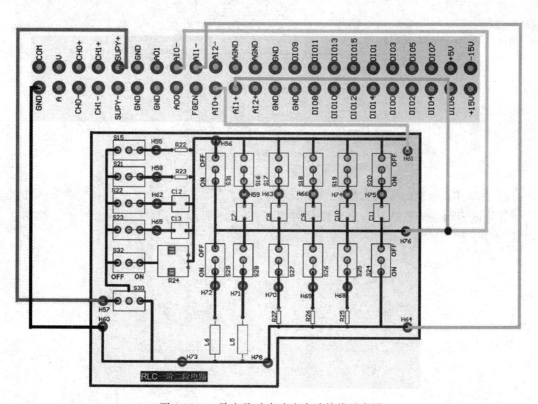

图 2-52　一阶电路动态响应实验接线示意图

（2）运行"实验 6 实验数据记录"程序,在图 2-53 中观察输出波形,等待输出波形稳定后,将开关 S_{30} 打到右边,观察输出波形,并绘制在图 2-54 中。

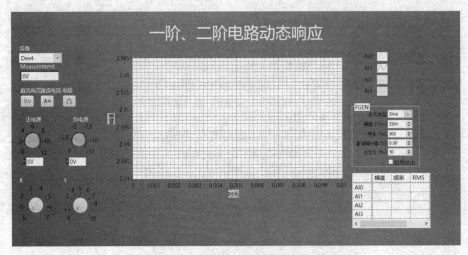

图 2-53　一阶、二阶电路实验程序界面

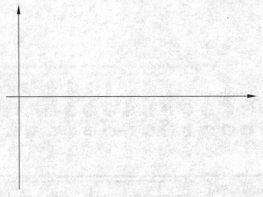

图 2-54　波形图

2）一阶 RC 电路的零状态响应

等待电容两端电压稳定不发生变化时，将开关 S$_{30}$ 打到左边，观察输出波形并绘制在图 2-55 中。

图 2-55　波形图

3）不同阻容值对时间常数的影响

通过切换开关,改变电路中电阻值和电容值,重复以上实验步骤1)、2),记录不同 RC 值的零状态响应和零输入响应曲线及时间常数,完成表 2-28 的填写。

表 2-28　不同阻容值对时间常数的影响

R/Ω	L/mH	$C/\mu\mathrm{F}$	等效时间常数	零输入响应曲线	零状态响应曲线

2. 二阶 RLC 电路阶跃响应

断开所有开关,闭合开关 S_{21}、S_{19}、S_{28},使电路中有电阻、电容、电感串联。

1）二阶 RLC 电路的零输入响应

（1）用导线连接 H57 和 SUPY＋,H60 和 GND,H61 和 AI0＋,H76 和 AI0－、AI1＋,H64 和 AI1－,闭合 ELVIS 右上方电源,将开关 S_1 打到左边,给储能元件充电,如图 2-56 所示。

（2）运行实验程序,观察输出波形,等待输出波形稳定后,将开关 S_{30} 打到右边,观察电容、电感两端的电压波形,并绘制在图 2-57 中。

2）二阶 RLC 电路的零状态响应

等待储能元件两端电压稳定不发生变化时,将开关 S_{30} 打到左边,观察输出波形并绘制在图 2-58 中。

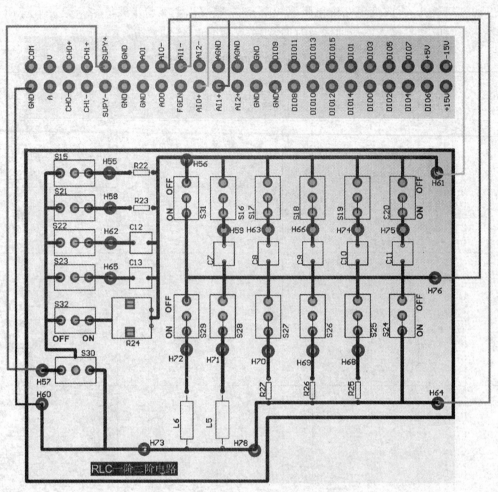

图 2-56　二阶 RLC 电路的零输入响应

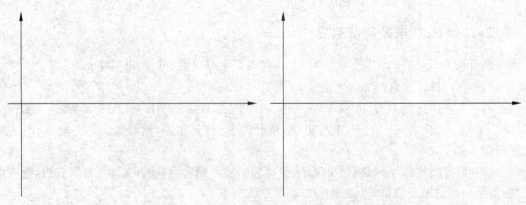

图 2-57　波形图　　　　　　　　　　　　图 2-58　波形图

3. 二阶 RLC 电路测量

保持上面二阶电路的电路连接,将 H57 连接到 SUPY+ 的一端改接至 FGEN,按图 2-59 所示连接,并运行实验程序,设置函数发生器输出频率 $f=1\text{kHz}$、幅值 $U_{PP}=2.5\text{V}$ 的方波,改变电路中电阻、电容、电感的值,观察输出波形,完成表 2-29 的填写。

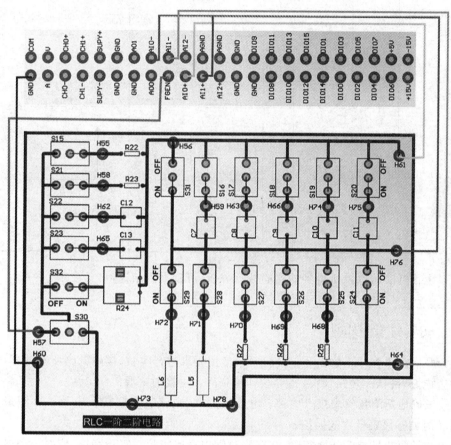

图 2-59　二阶 RLC 电路测量连接示意图

表 2-29　二阶 RLC 电路测量

R/Ω	L/mH	$C/\mu\text{F}$	等效时间常数	零输入响应曲线	零状态响应曲线

续表

R/Ω	L/mH	$C/\mu\text{F}$	等效时间常数	零输入响应曲线	零状态响应曲线

通过上面的实验以及所得到的实验数据分析,可以得到结论:＿＿＿＿＿＿＿＿＿＿

2.6.6 实验注意事项

(1) 严格按照 NI ELVIS Ⅱ ＋实验平台使用要求进行实验,接好电路所有元器件后,应认真检查电路,确认无短路情况,指导教师检查后才可接通电源。

(2) 正确地把测量仪表接入电路:电压表并联、电流表串联接入电路。在测量过程中要注意及时调整仪表量程或换挡。

(3) 在教师的指导下开展实验,在规定时间内完成实验。实验完毕,应对设备进行正常维护,搞好场地卫生,整理好设备。

(4) 在实验前完成实验报告中第一～三项内容。

2.6.7 实验报告

实 验 报 告

实验时间:　　　年　　月　　日　　　　完成实验用时:

一、基本信息

课程名称:　　　　　　　　　实验名称:

专业班级:　　　　　　　　　学生姓名:

学　　号:

二、实验准备 1(请在实验前完成)

(1) 请用文字描述什么是一阶电路,什么是二阶电路。

(2) 请用文字描述零输入响应。

(3) 请用文字描述零状态响应。

三、实验准备 2

请根据实验需求填写实验所需器材。

四、实验数据记录

1. 一阶 RC 电路

断开所有开关,闭合开关 S_{32}、S_{19}、S_{27},使电阻和电容串联。记录此时的零输入响应和零状态响应曲线,并将其绘制在图 2-60 和图 2-61 中。

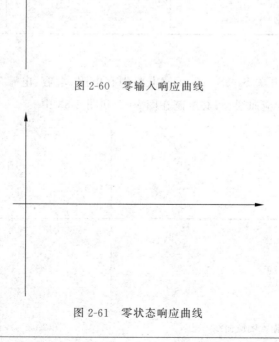

图 2-60　零输入响应曲线

图 2-61　零状态响应曲线

通过切换开关,改变电路中电阻值和电容值,重复 2.6.5 小节中的实验步骤 1 和 2,记录不同 RC 值的零状态响应和零输入响应曲线及时间常数,完成表 2-30 的填写。

表 2-30 一阶 RC 电路

R/Ω	L/mH	$C/\mu F$	等效时间常数	零输入响应曲线	零状态响应曲线

2. 二阶 RLC 电路

断开所有开关,闭合开关 S_{21}、S_{19}、S_{28},使电路中有电阻、电容、电感串联。记录此时的零输入响应和零状态响应曲线,将其绘制在图 2-62 和图 2-63 中。

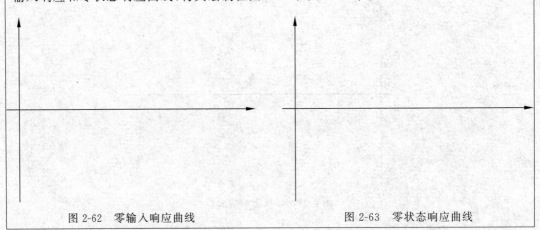

图 2-62 零输入响应曲线　　　　图 2-63 零状态响应曲线

通过切换开关,改变电路中电阻值和电容值,重复 2.6.5 小节中的实验步骤 1 和 2,记录不同 RC 值的零状态响应和零输入响应曲线及时间常数,完成表 2-31 的填写。

表 2-31　二阶 RLC 电路

R/Ω	L/mH	$C/\mu\mathrm{F}$	等效时间常数	零输入响应曲线	零状态响应曲线

五、实验结论分析

(1) 一阶电路的零输入响应和零状态响应有什么区别?

(2) 二阶电路的零输入响应和零状态响应有什么区别?

(3) 一阶电路和二阶电路的零输入响应和零状态响应有什么区别?

六、实验总结

(1) 通过本次实验学到了哪些知识点？掌握了哪些技能点？

(2) 本次实验过程中有哪些不足的地方？犯了哪些错误？

(3) 实验过程中的错误和不足会带来什么后果？如何改进、杜绝实验中的不足及错误？

2.6.8 一阶、二阶电路的动态响应实验评分表

一阶、二阶电路的动态响应实验评分表如表 2-32 所示。

表 2-32 一阶、二阶电路的动态响应实验评分表

序号	主要内容	考核要求	配分	得分	备　　注
1	实验过程	实验设备准备齐全	5		
		实验流程正确	10		
		仪器、仪表操作安全、规范、正确	10		
		用电安全、规范	10		
2	实验数据	实验数据记录正确、完整	10		
		实验数据分析完整、正确	15		
3	实验报告	版面整洁、清晰	5		
		数据记录真实、准确、条理清晰	10		
		实验报告内容用语专业、规范	5		
4	职业素养	9S 规范	5		
		与同组、同班同学的合作行为	5		
		与实验指导教师的互动、合作行为	5		
		实验态度	5		
5	实验安全	是否存在安全违规行为,实验过程中是否存在及发生人身、设备安全隐患问题	是	否	参考特别说明
得　　分					

特别说明：有违反安全规范、实验过程中存在及发生人身、设备安全隐患的行为一律记为 0 分

符合 9S 管理要求：详见 1.6 节

第 3 章

模拟电子技术实验

3.1 共射放大电路

知识目标

(1) 能够通过公式、文字描述共射放大电路。

(2) 能够科学记录、分析、整理实验数据。

技能目标

(1) 能够正确选择实验仪器及元器件材料。

(2) 能够根据实验原理进行实验。

(3) 能够安全、正确地使用仪器、仪表。

3.1.1 实验目的

(1) 理解并掌握晶体管放大电路的组成、基本原理和放大条件。

(2) 掌握放大电路静态工作点的调节与测量方法。

(3) 掌握单级、多级放大电路主要动态性能指标的测量及相关计算方法。

3.1.2 实验流程

实验准备及教学流程如图 3-1 所示。

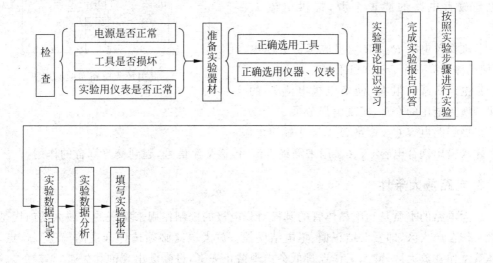

图 3-1 实验准备及教学流程框图

3.1.3 仪表器材设备

所需仪表设备、器材、工具、材料如表 3-1 所示。

表 3-1 器材清单

设备、器材、工具、材料	数量	设备、器材、工具、材料	数量
计算机	1 台	导线	1 套
NI ELVIS Ⅱ＋实验平台	1 台	电路实验套件	1 套
万用表	1 台	模拟电子技术课程实验套件	1 套

3.1.4 实验原理

1. 晶体管简介

晶体管(Transistor)是一种固体半导体器件,具有检波、整流、放大、开关、稳压、信号调制等多种功能。晶体管作为一种可变电流开关,能够基于输入电压控制输出电流。与普通机械开关(如继电器、交换机)不同,晶体管利用电信号来控制自身的开合,而且开关速度可以非常快,实验室中的切换速度可达 100GHz 以上。

2. 共射放大电路的基本组成

共射放大电路实验原理图如图 3-2 所示,当在放大电路输入端输入信号 U_i 后,在电路输出端便可得到与 U_i 相位相反、幅值被放大的输出信号 U_o,实现了电压放大。

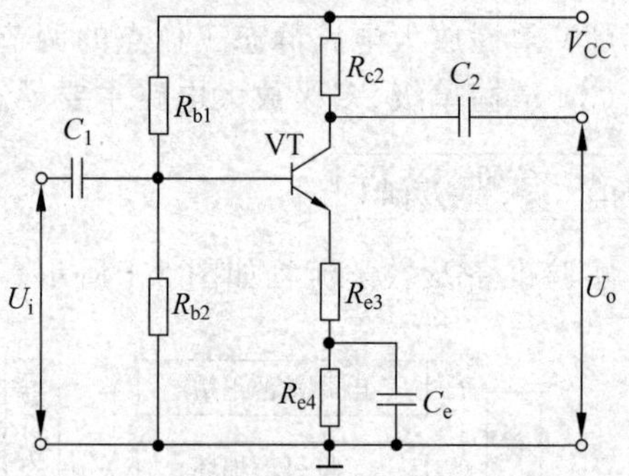

晶体管 VT 是放大器件,用基极电流 i_b 控制集电极电流 i_c,即当晶体管工作在放大区时,$i_c = \beta i_b$。

电源 V_{CC} 使晶体管满足发射结正偏、集电结反偏的条件,让晶体管处在放大状态。同时也是放大电路的能量来源,提供电流 i_b 和 i_c。

基极偏置电阻 R_{b1}、R_{b2} 组成基极分压电路,使晶体管有一个合适的工作点。

集电极负载电阻 R_c 使集电极电流 i_c 的变化转换为电压的变化,实现电压放大。

图 3-2 共射放大电路实验原理图

射极旁路电容 C_e、短路 R_{e4},减小输出电阻。

输入输出耦合电容 C_1、C_2 用来隔绝直流,传递交流信号,起到交流耦合的作用。

3. 电路放大条件

放大电路的本质是利用晶体管的基极对集电极的控制作用来实现的。放大的前提是晶体管工作在放大区,即发射结正偏、集电结反偏。放大电路必须选择合适的静态工作点,使晶体管工作在放大区,静态工作点过低会出现截止失真,过高会出现饱和失真。

4. 多级放大电路

通常放大电路的输入信号都是很微弱的信号,一般为毫伏或者微伏级,为了推动负载工作,通常需要经过多级放大。多级放大的原理是将多个放大电路串接起来,第一级放大电路的输出作为第二级放大电路的输入,多级放大电路的等效放大倍数等于各级放大电路放大倍数的乘积。

在多级放大电路中,每两个单级放大电路之间的连接称为耦合,阻容耦合是常见的耦合方式。前级放大电路的输出串接电阻、电容接入后级放大电路的输入,起到了隔离直流、传递交流的作用,两级放大电路的静态工作点互不影响。

3.1.5　实验任务及步骤

1. 单极共射放大电路

1) 调节并测量放大电路的静态工作点

将开关的设置调节为 S_1 通、S_2 断、S_3 通、S_4 断、S_5 断、S_6 断、S_7 断、S_8 断、S_9 断,此时实验板上第一级放大电路的连接如图 3-3 所示。

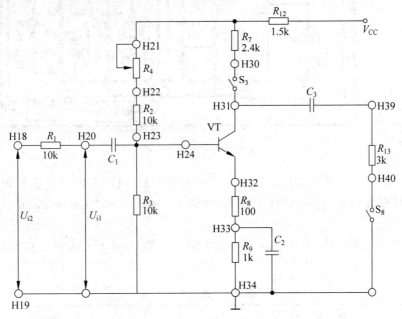

图 3-3　第一级放大电路原理图

（1）使用导线分别连接 NI ELVIS Ⅱ＋主机上万用表接口的 A、COM、V 和实验板上的 A、COM、V 接线座。使用 BNC to BNC 线连接 ELVIS 主机的示波器 CH0 和实验板上的 CH0,连接示波器 CH1 和实验板上的 CH1。

（2）使用导线连接该实验模块的电源,H51 的 V_{CC} 与实验板上方的 SUPY＋相连,H51 的接地端与上方的 GND 相连。

（3）断开开关 S_3,使用导线连接测量电路,H30 接 A,c1 接 COM、AI0＋,b1 接 AI1＋,

e1 接 AI2＋，如图 3-4 所示。

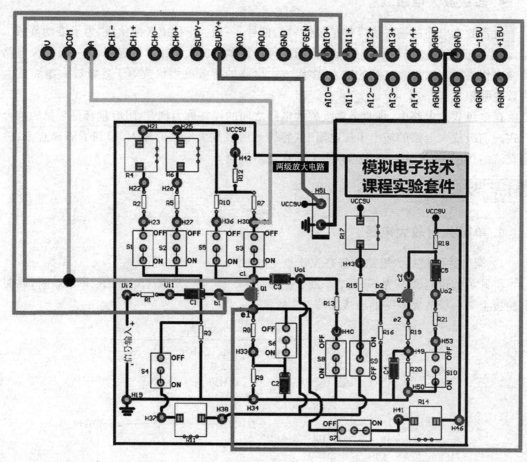

图 3-4 单极共射放大电路——静态工作点

（4）为 NI ELVIS Ⅱ＋实验平台上电，在计算机中打开【ELVIS 模电实验程序】文件下的"ELVIS 模电实验板.lvproj"项目浏览器，如图 3-5 所示，选择"实验 1 基尔霍夫定律"实验程序并运行。

（5）调节正电源输出为 9V。调节可变电阻 R_4，使 $U_{ce}=4.5V$，并将其他参数记录到表 3-2 中。

表 3-2　参数记录表

测　量　值				计　算　值		
U_e/V	U_b/V	U_c/V	I_c/mA	I_b/mA	U_{ce}/V	U_{be}/V

2）电压放大倍数的测量

放大器的电压放大倍数是指在输出电压波形不失真时，输出电压 U_o 与输入电压 U_i 振幅或有效值之比，即

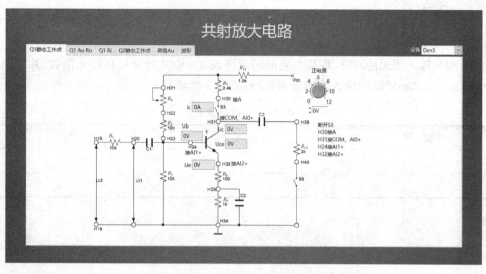

图 3-5　共射放大电路实验程序界面

$$A_u = \frac{U_o}{U_i}$$

（1）断开 NI ELVIS Ⅱ＋右上方的开关，断开除 H51 外其他导线的连接。

使用导线将 U_{i1} 和实验板上方的 FGEN、AI0＋相连，U_{o1} 和 AI1＋相连，如图 3-6 所示。

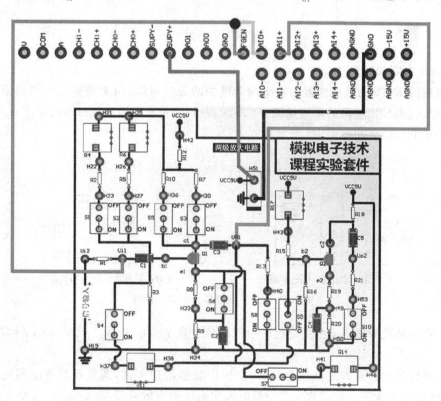

图 3-6　单极共射放大电路——电压放大倍数测量

（2）打开 NI ELVIS Ⅱ＋右上方开关为实验板上电，依次在实验程序中控制信号发生器输出 $U_{PP}=100\text{mV}$，$U_{PP}=200\text{mV}$，$f=1\text{kHz}$ 的正弦波。

（3）观察输入输出的波形，将其有效值记录在表 3-3 中并计算电压放大倍数，并在图 3-7 中绘制 $U_{PP}=200\text{mV}$ 时的输入输出波形，完成表 3-3 的填写。

表 3-3　参数记录表

U_i/mV	U_o/mV	A_u

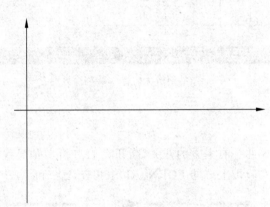

图 3-7　波形图

3）输出电阻的测量

输出电阻 R_o 是指从放大器的输出端看进去的等效电阻，用来衡量放大器的带负载能力。测量放大器输出电阻的原理如图 3-8 所示，分别测量放大器空载时输出电压 U_o 和带负载输出电压 U_L，则输出电阻 R_o 的计算式为

$$R_o = \frac{U_o - U_L}{U_L} \cdot R_L$$

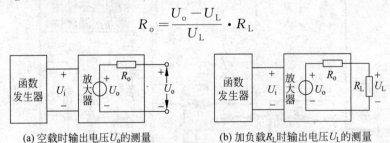

(a) 空载时输出电压U_o的测量　　　　(b) 加负载R_L时输出电压U_L的测量

图 3-8　测量放大器输出电阻的原理

（1）断开负载开关 S_8，在实验程序中控制信号发生器输出 $U_{PP}=200\text{mV}$，$f=1\text{kHz}$ 的正弦波。

（2）观察放大器输出波形是否失真，如输出波形出现失真，调节函数发生器的输出电压，使输出波形不失真。记录放大器空载时输出电压的有效值 U_o。

（3）闭合负载开关 S_8，保持函数信号发生器的输出不变，观察 AI1 的波形，记录放大器带负载时的输出电压有效值 U_L。

（4）已知负载电阻 $R_{13}=3\mathrm{k}\Omega$，计算放大器的输出电阻，完成表 3-4 的填写。

表 3-4 放大器的输出电阻

测 量 值		计 算 值
空载输出电压 $U_{\mathrm{o}}/\mathrm{V}$	带载输出电压 $U_{\mathrm{L}}/\mathrm{V}$	输出电阻 R_{o}/Ω

4）输入电阻的测量

输入电阻 R_{i} 是指从放大器的输入端看进去的等效电阻，输入电阻的大小影响到放大器从信号源或前级放大电路获取的电流大小。测量放大器输入电阻的原理如图 3-9 所示，串入一个电阻 R_{s}，分别测量函数发生器的输出波形电压有效值和放大器侧输入波形电压有效值，则放大器输入电阻 R_{i} 的计算式为

$$R_{\mathrm{i}}=\frac{U_{\mathrm{i1}}}{U_{\mathrm{i2}}-U_{\mathrm{i1}}}\cdot R_{\mathrm{s}}$$

断开 NI ELVIS Ⅱ＋右上方的开关，断开除 H51 外的其他连线。

用导线连接 U_{i2} 和 FGEN、AI0＋，U_{i1} 接 AI1＋，U_{o1} 接 AI2＋，如图 3-9 所示。

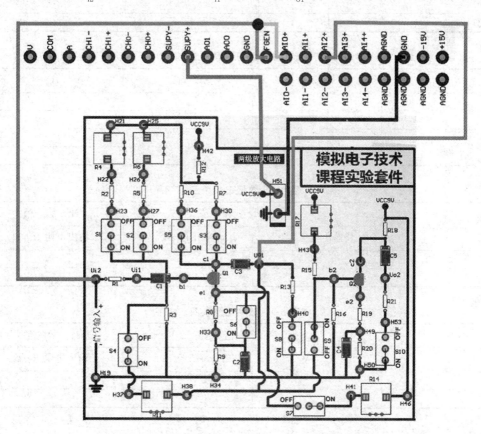

图 3-9 单极共射放大电路——输入电阻的测量

（1）打开 NI ELVIS Ⅱ＋右上方开关为实验板并加电，在实验程序中控制信号发生器输出 $U_{\mathrm{pp}}=200\mathrm{mV}$，$f=1\mathrm{kHz}$ 的正弦波。观察输出波形是否失真，如输出波形出现失真，调

节函数发生器的输出电压,使输出波形不失真。

（2）观察 AI0 和 AI1 的波形,将其有效值记录在表 3-5 中,并计算放大器的输入电阻,完成表 3-5 的填写。

表 3-5　放大器的输入电阻

测　量　值		计　算　值
U_{i1}/V	U_{i2}/V	输入电阻 R_i/Ω

5）切换集电极电阻

断开 S_3、闭合 S_5,将集电极电阻切换为 $R_{10}=6.2k\Omega$,重复本小节步骤 1~步骤 4,并将数据记录在表 3-6~表 3-9 中,比较集电极电阻值大小对放大电路主要指标的影响。

表 3-6　数据记录表一

R_c	测　量　值				计　算　值		
	U_e/V	U_b/V	U_c/V	I_c/mA	I_b/mA	U_{ce}/V	U_{be}/V
2.4kΩ							
6.2kΩ							

表 3-7　数据记录表二

$R_c/k\Omega$	U_i/mV	U_o/mV	A_u
2.4			
6.2			

表 3-8　数据记录表三

$R_c/k\Omega$	测　量　值		计　算　值
	空载输出电压 U_o/V	负载输出电压 U_L/V	输出电阻 R_o/Ω
2.4			
6.2			

表 3-9　数据记录表四

$R_c/k\Omega$	测　量　值		计　算　值
	U_{i1}/V	U_{i2}/V	输入电阻 R_i/Ω
2.4			
6.2			

2. 两级共射放大电路

1）调节并测量放大电路的静态工作点

将开关的设置调节为 S_1 通、S_2 断、S_3 通、S_4 断、S_5 断、S_6 断、S_7 断、S_8 断、S_9 断、S_{10}

断,此时实验板上放大电路的连接如图 3-10 所示。

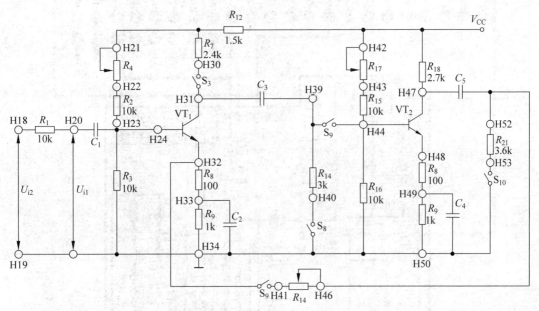

图 3-10　两级共射放大电路原理

（1）使用导线连接该实验模块的电源,H51 的 V_{CC} 与实验板上方的 SUPY＋相连,H51 的接地端与上方的 GND 相连。为 ELVIS 实验平台上电,运行实验程序。

（2）参照 3.1.5 小节步骤 1 中调整并测量第一级放大电路的静态工作点。

（3）断开 NI ELVIS Ⅱ＋右上角开关,断开除 H51 以外的其他连线。连接 c2 和 AI0＋、b2 和 AI1＋、e2 和 AI2＋。

（4）将实验程序选项卡切换到 Q_2 静态工作点选项卡,调节可变电阻 R_{17} 使得 $U_{ce2} \approx$ 4V,并将静态工作点及相关计算值填入表 3-10 中。

表 3-10　静态工作点数据记录

晶体管	测　量　值				计　算　值	
	U_e/V	U_b/V	U_c/V	I_c/mA	U_{ce}/V	U_{be}/V
第一级						
第二级						

2）电压放大倍数的测量

放大器的电压放大倍数是指在输出电压波形不失真时,输出电压 U_o 与输入电压 U_i 振幅或有效值之比,即

$$A_u = \frac{U_o}{U_i}$$

断开 NI ELVIS Ⅱ＋右上方的开关,使用导线将 U_{i2} 和实验板上方的 FGEN 和 AI0＋相连、U_{o1} 和 AI1＋相连、U_{o2} 和 AI2＋相连,如图 3-11 所示。

（1）打开 NI ELVIS Ⅱ＋右上方开关为实验板上电,在实验程序中控制信号发生器输出 $U_{PP}=50\text{mV}$,$f=1\text{kHz}$ 的正弦波。

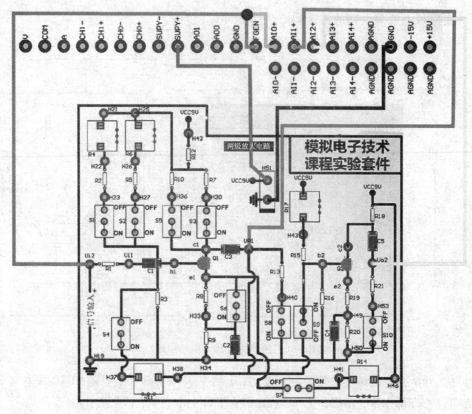

图 3-11 两级共射放大电路——电压放大倍数测量

（2）观察各通道的波形，如果输出波形失真，应适当调小信号发生器的输出幅值。测量输入电压 U_{i1}、第一级输出第二级输入电压 U_{o1}、第二级输出电压 U_{o2}，将其有效值记录在表 3-11 中并计算各级电压放大倍数 A_{u1}、A_{u2} 和两级放大电路的总放大倍数 A_u，验证总放大倍数是否等于各级放大倍数的乘积，完成表 3-11 的填写。

表 3-11 验证总放大倍数是否等于各级放大倍数

负载	测量输入、输出电压			计算放大倍数		
	U_{i1}/mV	U_{o1}/mV	U_{o2}/mV	A_{u1}	A_{u2}	A_u
空载						
负载						

通过上面的实验以及所得到的实验数据分析，可以得到结论：_____

3.1.6 实验注意事项

（1）严格按照 NI ELVIS Ⅱ＋实验平台使用要求进行实验，接好电路所有元器件后，应认真检查电路，确认无短路情况，指导教师检查后才可接通电源。

（2）正确地把测量仪表接入电路：电压表并联、电流表串联接入电路。在测量过程中要注意及时调整仪表量程或换挡。

（3）在教师的指导下开展实验，在规定时间内完成实验。实验完毕，应对设备进行正常维护，搞好场地卫生，整理好设备。

（4）请在实验前完成实验报告中第一～三项内容。

3.1.7　实验报告

实　验　报　告

实验时间：　　年　　月　　日　　　完成实验用时

一、基本信息

课程名称：　　　　　　　实验名称：

专业班级：　　　　　　　学生姓名：

学　　号：

二、实验准备 1（请在实验前完成）

（1）请用文字描述晶体管的 3 个工作区。

（2）简述基本共射放大电路的工作原理。

（3）请用文字或公式描述单级放大电路的工作原理。

（4）请用文字或公式描述两级放大电路的工作原理。

三、实验准备 2

请根据实验需求填写实验所需器材。

四、实验数据记录

1. 单级共射放大电路

1）调节并测量放大电路的静态工作点

调节正电源输出为 9V。调节可变电阻 R_4，使 $U_{ce}=4.5$V 并将其他参数记录到表 3-12 中。

表 3-12　参数记录表

测　量　值				计　算　值		
U_e/V	U_b/V	U_c/V	I_c/mA	I_b/mA	U_{ce}/V	U_{be}/V

2）电压放大倍数的测量

依次在实验程序中控制信号发生器输出 $U_{PP}=100\text{mV}$、$U_{PP}=200\text{mV}$，$f=1\text{kHz}$ 的正弦波。观察输入输出的波形，将其有效值记录在表 3-13 中，并在图 3-12 中绘制 $U_{PP}=200\text{mV}$ 时的输入输出波形，完成表 3-13 的填写。

表 3-13　参数记录

U_i/mV	U_o/mV	A_u

图 3-12　波形图

3）输出电阻的测量

断开负载开关 S_8，在实验程序中控制信号发生器输出 $U_{PP}=200\text{mV}$，$f=1\text{kHz}$ 的正弦波。观察放大器输出波形，使输出波形不失真。记录放大器空载时输出电压的有效值 U_o。闭合负载开关 S_8，保持函数信号发生器的输出不变，观察 AI1 的波形，记录放大器带负载时的输出电压有效值 U_L。

已知负载电阻 $R_{13}=3\text{k}\Omega$，计算放大器的输出电阻，完成表 3-14 的填写。

表 3-14　放大器的输出电阻

测　量　值		计　算　值
空载输出电压 U_o/V	带载输出电压 U_L/V	输入电阻 R_o/Ω

4）输入电阻的测量

在实验程序中控制信号发生器输出 $U_{PP}=200\text{mV}$，$f=1\text{kHz}$ 的正弦波。调节函数发生器的输出电压，使输出波形不失真。观察 AI0 和 AI1 的波形，将其有效值记录在表 3-15 中并计算放大器的输入电阻，完成表 3-15 的填写。

表 3-15 放大器的输入电阻

测　量　值		计　算　值
U_{i1}/V	U_{i2}/V	输入电阻 R_i/Ω

5）切换集电极电阻

断开 S_3、闭合 S_5,将集电极电阻切换为 $R_{10}=6.2k\Omega$,重复实验步骤 1）~4）,并将数据记录在表 3-16~表 3-19 中。

表 3-16 参数记录表一

R_c	测　量　值				计　算　值		
	U_e/V	U_b/V	U_c/V	I_c/mA	I_b/mA	U_{ce}/V	U_{be}/V
2.4kΩ							
6.2kΩ							

表 3-17 参数记录表二

$R_c/k\Omega$	U_i/mV	U_o/mV	A_u
2.4			
6.2			

表 3-18 参数记录表三

$R_c/k\Omega$	测　量　值		计　算　值
	空载输出电压 U_o/mV	负载输出电压 U_L/mV	输出电阻 $R_o/k\Omega$
2.4			
6.2			

表 3-19 参数记录表四

$R_c/k\Omega$	测　量　值		计　算　值
	U_{i1}/mV	U_{i2}/mV	输入电阻 $R_i/k\Omega$
2.4			
6.2			

2. 两级共射放大电路

1）调节并测量放大电路的静态工作点

断开 NI ELVIS Ⅱ+右上角开关,断开除 H51 外的其他连线。连接 c2 和 AI0+、b2 和 AI1+、e2 和 AI2+。将实验程序选项卡切换到 Q_2 静态工作点选项卡,调节可变电阻 R_{17} 使得 $U_{ce2}\approx4V$,并将静态工作点及相关计算值填入表 3-20 中。

表 3-20 静态工作点数据记录

晶体管	测 量 值				计 算 值	
	U_e/V	U_b/V	U_c/V	I_c/mA	U_{ce}/V	U_{be}/V
第一级						
第二级						

2）电压放大倍数的测量

在实验程序中控制信号发生器输出 $U_{PP} = 50mV$，$f = 1kHz$ 的正弦波。观察各通道的波形，测量输入电压 U_{i1}、第一级输出第二级输入电压 U_{o1}、第二级输出电压 U_{o2}，将其有效值记录在表 3-21 中并计算各级电压放大倍数 A_{u1}、A_{u2} 和两级放大电路的总放大倍数 A_u，验证总放大倍数是否等于各级放大倍数的乘积，完成表 3-21 的填写。

表 3-21 验证总放大倍数是否等于各级放大倍数的乘积

负载	测量输入、输出电压			计算放大倍数		
	U_{i1}/mV	U_{o1}/mV	U_{o2}/mV	A_{u1}	A_{u2}	A_u
空载						
负载						

五、实验结论分析

（1）根据实验数据可以验证晶体管能够放大基极的信号输入吗？

（2）集电极电阻阻值的不同，对晶体管放大信号的倍数有什么影响？

（3）实验中输入电阻对静态工作点是否有影响？输出电阻对带负载能力是否有影响？

（4）两级放大电路的信号放大能力与单级放大电路有什么区别？

（5）以上实验结论可以用于分析解决哪些问题？

六、实验总结

(1)通过本次实验学到了哪些知识点？掌握了哪些技能点？

(2)本次实验过程中有哪些不足的地方？犯了哪些错误？

(3)实验过程中的错误和不足会带来什么后果？如何改进、杜绝实验中的不足及错误？

3.1.8 共射放大电路实验评分表

共射放大电路实验评分表如表 3-22 所示。

表 3-22 共射放大电路实验评分表

序号	主要内容	考 核 要 求	配分	得分	备　注
1	实验过程	实验设备准备齐全	5		
		实验流程正确	10		
		仪器、仪表操作安全、规范、正确	10		
		用电安全、规范	10		
2	实验数据	实验数据记录正确、完整	10		
		实验数据分析完整、正确	15		
3	实验报告	版面整洁、清晰	5		
		数据记录真实、准确、条理清晰	10		
		实验报告内容用语专业、规范	5		
4	职业素养	9S 规范	5		
		与同组、同班同学的合作行为	5		
		与实验指导教师的互动、合作行为	5		
		实验态度	5		
5	实验安全	是否存在安全违规行为,实验过程中是否存在及发生人身、设备安全隐患问题	是	否	参考特别说明
得　　分					

特别说明:有违反安全规范、实验过程中存在及发生人身、设备安全隐患的行为一律记为 0 分
符合 9S 管理要求:详见 1.6 节

3.2 负反馈放大电路

知识目标

(1) 能够通过公式、文字描述负反馈放大电路。

(2) 能够科学记录、分析、整理实验数据。

技能目标

(1) 能够正确选择实验仪器及元器件材料。

(2) 能够根据实验原理进行实验。

(3) 能够安全、正确地使用仪器、仪表。

3.2.1 实验目的

(1) 理解负反馈放大电路的工作原理及负反馈对放大电路性能的影响。

(2) 掌握反馈电路类型的判别方法。

(3) 掌握放大电路频率特性的测试方法。

3.2.2 实验流程

实验准备及教学流程如图 3-13 所示。

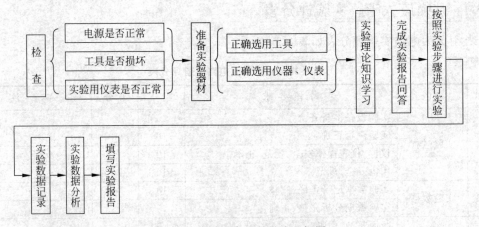

图 3-13 实验准备及教学流程框图

3.2.3 仪表器材设备

所需仪表设备、器材、工具、材料如表 3-23 所示。

表 3-23 器材清单

设备、器材、工具、材料	数量	设备、器材、工具、材料	数量
计算机	1 台	导线	1 套
NI ELVIS Ⅱ＋实验平台	1 台	电路实验套件	1 套
万用表	1 台	模拟电子技术课程实验套件	1 套

3.2.4 实验原理

1. 负反馈

反馈是控制论的基本概念,指将系统输出量的全部或一部分按一定的方式返回到输入端并以某种方式改变输入,进而影响系统功能的过程,反馈可分为负反馈和正反馈。负反馈的用途很广泛,在电子电路中对改进放大电路的性能起到很重要的作用。负反馈放大器的系统框图如图 3-14 所示。

放大电路中负反馈的类型分为电压串联负反馈、电压并联负反馈、电流串联负反馈、电流并联负反馈 4 种。电压和电流反馈是指对输出信号的采样,是对电流进行采样还是对电压进行采样。串联和并联反馈是指反馈电路以何种形式反馈到输入端。

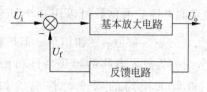

图 3-14 负反馈放大器的系统框架

2. 负反馈对放大电路性能的影响

本实验平台上的实验电路采用的是电压并联负反馈,引入负反馈后放大电路的放大倍数为

$$A_{uf} = \frac{A_u}{1 + A_u F_{uu}}$$

式中,A_{uf} 为闭环电压放大倍数;A_u 为开环电压放大倍数,即引入负反馈前的电压放大倍数;$1 + A_u F_{uu}$ 是反馈深度,其大小决定了负反馈对放大器性能的改善程度。当 $A_u F_{uu} \gg 1$ 时,称为深度负反馈,可以近似认为 $A_{uf} = \frac{A_u}{1 + A_u F_{uu}} \approx \frac{A_u}{A_u F_{uu}} = \frac{1}{F_{uu}}$,此时放大倍数只与反馈系数 F_{uu} 有关。

3. 放大电路的频率特性

理想的放大器通频带的宽度是无穷大的,即放大器对于任意频率的输入信号放大倍数都保持一致,但实际器件不可能将通频带做到无穷大,放大器的电压放大倍数与输入信号的频率有关。

在中频段,由于电容可以不考虑,中频电压放大倍数 A_{um} 基本上不随频率的变化而变化,其相移为 $\phi = 180°$,即无附加相移。对共射极放大电路来说,输出电压和输入电压反相。

在低频段,由于耦合电容的容抗变大,电压放大倍数 A_u 变小,同时也将在输出电压和输入电压间产生相移。因此定义:当放大倍数下降到中频放大倍数的 0.707 倍,即 $A_{uI} = \frac{A_{um}}{\sqrt{2}}$ 时,输入信号的频率称为下限频率 f_L。

对于高频段,由于三极管极间电容或分布电容的容抗在低频时较大,当频率上升时,容抗减小,使加至放大电路的输入信号减小、输入电压减小,从而使放大倍数下降。同时也会在输出电压与输入电压间产生附加相移。同样定义：当电压放大倍数下降到中频区放大倍数的 0.707 倍，即 $A_{uk} = \dfrac{A_{um}}{\sqrt{2}}$ 时，输入信号的频率为上限频率 f_H。

称上限频率与下限频率之差为通频带或带宽 $f_{bw} = f_H - f_L$，单位为 Hz。

将相移 φ 引入电压放大倍数中，共射极放大电路的电压放大倍数可以用一个复数表示为 $\dot{A}_u = A_u \angle \varphi$。幅值 A_u 和相角 φ 都是频率的函数，分别称为放大电路的幅频特性和相频特性。共射极放大电路的频率特性曲线如图 3-15 所示。

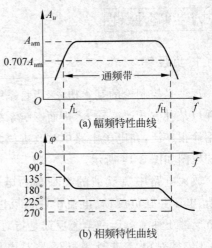

图 3-15 共射极放大电路的频率特性曲线

1. 单级负反馈放大电路

1）调节并测量放大电路的静态工作点

将开关的设置调节为 S_1 通、S_2 断、S_3 通、S_4 断、S_5 断、S_6 断、S_8 断、S_9 断，此时实验板上第一级放大电路的连接如图 3-16 所示。

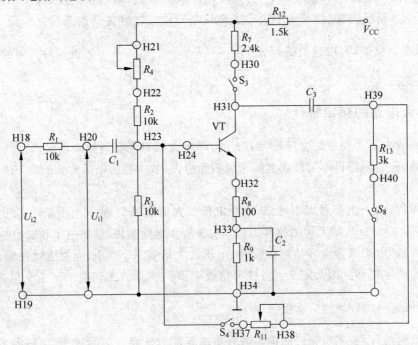

图 3-16 单级负反馈电路原理

（1）使用导线分别连接 NI ELVIS Ⅱ＋主机上万用表接口的 A、COM、V 和实验板上的 A、COM、V 接线座。使用 BNC to BNC 线连接 ELVIS 主机的示波器 CH0 和实验板上的 CH0，连接示波器 CH1 和实验板上的 CH1。

（2）使用导线连接该实验模块的电源，H51 的 V_{CC} 与实验板上方的 SUPY＋相连，H51 的接地端与上方的 GND 相连。

断开开关 S_3，使用导线连接测量电路，H30 接 A，c1 接 COM，AI0＋，b1 接 AI1＋，c1 接 AI2＋，如图 3-17 所示。

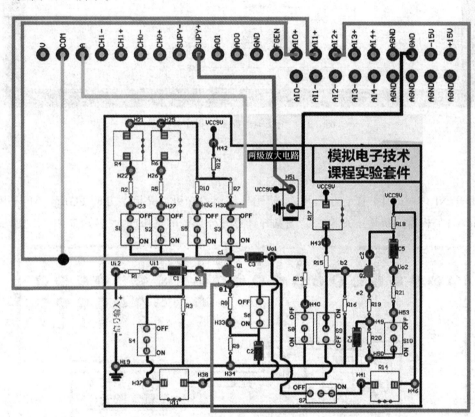

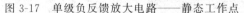

图 3-17　单级负反馈放大电路——静态工作点

（3）为 NI ELVIS Ⅱ＋实验平台加电，运行"实验 2 负反馈放大电路"程序，如图 3-18 所示。

（4）调节正电源输出为 9V。调节可变电阻 R_4，使 $U_{ce}=4.5$V 并将其他参数记录到表 3-24 中。

表 3-24　参数记录

测　量　值				计　算　值		
U_e/V	U_b/V	U_c/V	I_c/mA	I_b/mA	U_{ce}/V	U_{be}/V

2）负反馈对电压放大倍数的影响

放大器的电压放大倍数是指在输出电压波形不失真时，输出电压 U_o 与输入电压 U_i 振幅或有效值之比，即

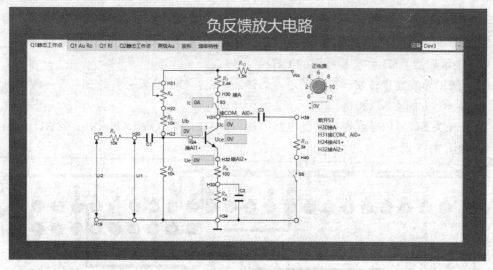

图 3-18　负反馈电路实验程序界面图

$$A_u = \frac{U_o}{U_i}$$

断开 NI ELVIS II＋右上方的开关,使用导线将 U_{i2} 和实验板上方的 FGEN、AI0＋相连,U_{o1} 和 AI1＋相连。断开开关 S_4、S_8,测量并计算开环空载的电压放大倍数,如图 3-19 所示。

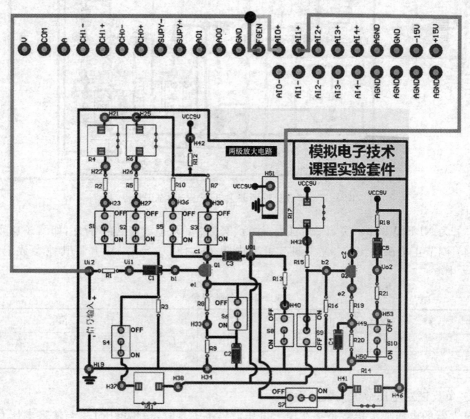

图 3-19　单级负反馈放大电路——负反馈对电压放大倍数的影响

（1）打开 NI ELVIS Ⅱ＋右上方开关为实验板上电，依次在实验程序中控制信号发生器输出 $U_{PP}=200mV$，$f=1kHz$ 的正弦波。

（2）观察输入输出波形，如出现波形失真，需适当调小信号发生器的输出电压幅值，将其有效值记录在表 3-15 中并计算电压放大倍数。

（3）闭合开关 S_4，加入负反馈，重复步骤（2），完成闭环空载放大倍数的测量和计算。

（4）闭合开关 S_8，使放大电路的输出带上负载，完成负载情况下电压放大倍数的测量和计算，并填入表 3-25 中。

表 3-25　负载情况下电压放大倍数的测量和计算

反馈状态	负载	U_i/mV	U_o/mV	A_u
开环（S_4 断开）	空载			
	带载			
闭环（S_4 闭合）	空载			
	带载			

3）负反馈对输入输出电阻的影响

断开 ELVIS 右上方的开关，断开除 H51 外的其他连线，用导线连接 U_{i2} 和 FGEN 接线端，用导线将 U_{i2} 和 AI0＋相连、U_{i1} 和 AI1＋相连、AI2＋和 U_{o1} 相连，断开开关 S_4、S_8，如图 3-20 所示。

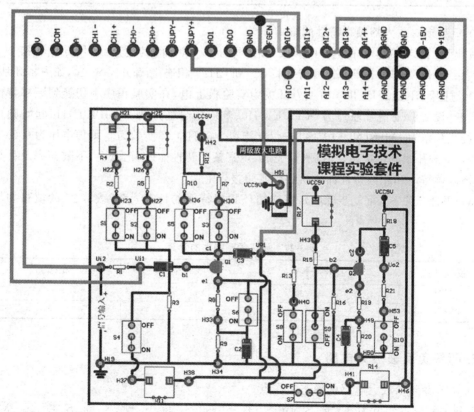

图 3-20　单级负反馈放大电路——负反馈对输入输出电阻的影响

98

（1）打开 NI ELVIS Ⅱ＋右上方开关为实验板上电，在实验程序中控制信号发生器输出 $U_{PP}=200\text{mV}$，$f=1\text{kHz}$ 的正弦波。观察输出波形是否失真，如输出波形出现失真，调节函数发生器的输出电压，使输出波形不失真。

（2）观察 AI0、AI1、AI2 的波形，将其有效值记录在表 3-26 中并计算放大器的输入电阻。

（3）闭合开关 S_8，观察 AI2 波形，记录带负载输出电压有效值，并计算放大器的输出电阻。

（4）重复步骤（2）和（3），完成闭环输入输出电阻的测量和计算，完成表 3-26 的填写。

① 断开 S_4 和 S_8 是开环空载。

② 断开 S_4、闭合 S_8 是开环带负载。

③ 闭合 S_4、断开 S_8 是闭环空载。

④ 闭合 S_4 和 S_8 是闭环带负载。

表 3-26　数据记录

反馈状态	测　量　值		计　算　值
	U_{i1}	U_{i2}	输入电阻 R_i
开环			
闭环			
	空载输出电压 U_o	带负载输出电压 U_L	输出电阻 R_o
开环			
闭环			

4）负反馈对放大器频率特性的影响

断开 NI ELVIS Ⅱ＋右上方的开关，断开除 H51 以外的其他连线，用导线连接 U_{i2} 和 FGEN 接线端以及 CH0＋接线端，用导线将 U_{o1} 和 CH1 相连，断开开关 S_4、S_8，如图 3-21 所示。

（1）打开 NI ELVIS Ⅱ＋右上方开关为实验板上电，在实验程序中切换到频率特性测试选项卡，设置激励信号通道为 SCOPE CH0、响应信号通道为 SCOPE CH1、起始频率为 10Hz、终止频率为 1MHz（NI ELVIS Ⅱ＋仅支持到 200kHz）、单步数为 5、峰值电压为 0.2V。

（2）单击开始测试按钮，等待测试完成，观察频率特性曲线，记录上、下限频率及计算带宽，并将幅频特性和相频特性曲线绘制到实验报告上。

（3）闭合开关 S_4，重复步骤（2），完成闭环频率特性的计算，完成表 3-27 的填写并填入实验报告中。

表 3-27　闭环频率特性的计算

反馈状态	上限频率 f_H	下限频率 f_L	带宽 f_{bw}
开环			
闭环			

2. 两级负反馈放大电路

1）调节并测量放大电路的静态工作点

将开关的设置调节为 S_1 通、S_2 断、S_3 通、S_4 断、S_5 断、S_6 断、S_7 断、S_8 断、S_9 断、S_{10} 断，此时实验板上放大电路的连接如图 3-22 所示。

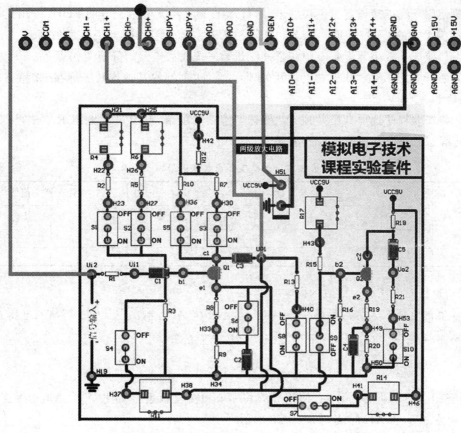

图 3-21　单级负反馈放大电路——负反馈对放大器频率特性的影响

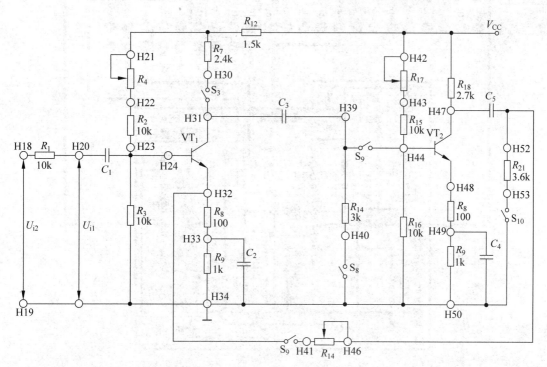

图 3-22　两级放大负反馈电路原理

（1）使用导线连接该实验模块的电源，H51 的 V_{CC} 与实验板上方的 SUPY＋相连，H51 的接地端与上方的 GND 相连。为 NI ELVIS Ⅱ＋实验平台上电，运行实验程序。

（2）参照 3.1.5 小节步骤 1 中调整并测量第一级放大电路的静态工作点。

（3）断开 NI ELVIS Ⅱ＋右上角开关，断开除 H51 外的其他连线。连接 c2 和 AI0＋、b2 和 AI1＋、e2 和 AI2＋。

（4）将实验程序选项卡切换到 Q_2 静态工作点选项卡，调节可变电阻 R_{17} 使得 $U_{ce2} \approx$ 4V，并将静态工作点及相关计算值填入表 3-28 中。

表 3-28　静态工作点数据记录表

晶体管	测　量　值				计　算　值	
	U_e/V	U_b/V	U_c/V	I_c/mA	U_{ce}/V	U_{be}/V
第一级						
第二级						

2）负反馈对电压放大倍数的影响

放大器的电压放大倍数是指在输出电压波形不失真时，输出电压 U_o 与输入电压 U_i 振幅或有效值之比，即

$$A_u = \frac{U_o}{U_i}$$

断开 ELVIS 右上方的开关，使用导线将 U_{i2} 和实验板上方的 FGEN、AI0＋相连，U_{o1} 和 AI1 相连，U_{o2} 和 AI2 相连，如图 3-23 所示。

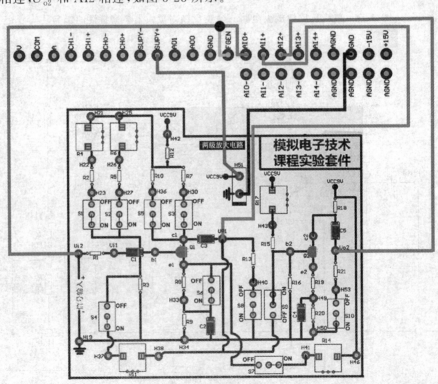

图 3-23　两级负反馈放大电路——负反馈对电压放大倍数的影响

（1）打开 NI ELVIS Ⅱ＋右上方开关为实验板上电，在实验程序中控制信号发生器输出 $U_{PP}=50\,mV$，$f=1\,kHz$ 的正弦波。

（2）观察各通道的波形，如果输出波形失真应适当调小信号发生器的输出幅值。测量输入电压孔 U_{i2}、第一级输出第二级输入电压 U_{o1}、第二级输出电压 U_{o2}，将其有效值记录在表 3-29 中并计算各级电压放大倍数 A_{u1}、A_{u2} 和两级放大电路的总放大倍数 A_u，验证总放大倍数是否等于各级放人倍数的乘积。

（3）闭合开关 S_9，加入负反馈，重复步骤（2），完成闭环空载放大倍数的测量和计算。

（4）闭合开关 S_{10}，使放大电路的输出带上负载，完成带负载情况下电压放大倍数的测量和计算，并填入表 3-29 中。

表 3-29　带载情况下电压放大倍数的测量和计算

反馈状态	负载	U_{i2}/V	U_{o1}/V	U_{o2}/V	A_{u1}	A_{u2}	A_u
开环（S_4 断开）	空载						
	带载						
闭环（S_4 闭合）	空载						
	带载						

3）负反馈对放大器频率特性的影响

断开 NI ELVIS Ⅱ＋右上角开关，断开 U_{i2} 与 AI0＋的连接，断开 U_{o2} 与 AI2＋的连接，用导线连接 U_{i1} 和 CH0＋、连接 U_{o2} 和 CH1＋。断开开关 S_9、S_{10}。闭合 ELVIS 右上角开关，如图 3-24 所示。

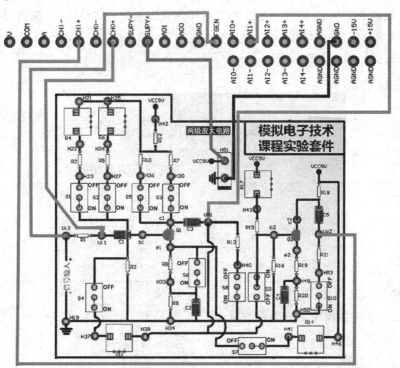

图 3-24　两级负反馈放大电路——负反馈对放大器频率特性的影响

（1）在实验程序中切换到频率特性测试选项卡，设置激励信号通道为 SCOPE CH0、响应信号通道为 SCOPE CH1、起始频率为 10Hz、终止频率为 1MHz(NI ELVIS Ⅱ＋仅支持到 200kHz)、单步数为 5、峰值电压为 0.05V。

（2）单击"开始测试"按钮，等待测试完成，观察频率特性曲线，记录上、下限频率同时计算带宽，并将幅频和相频曲线绘制到实验报告上。

（3）闭合开关 S_9，在实验程序中修改峰值电压为 0.5V，重复步骤（2），完成闭环频率特性的测试，并完成表 3-30 的填写。

表 3-30　闭环频率特性参数数据

反馈状态	上限频率 f_H	下限频率 f_L	带宽 f_{bw}
开环			
闭环			

通过上面的实验以及所得到的实验数据分析，可以得到结论：＿＿

3.2.6　实验注意事项

（1）严格按照 NI ELVIS Ⅱ＋实验平台使用要求进行实验，接好电路所有元器件后，应认真检查电路，确认无短路情况，指导教师检查后才可接通电源。

（2）正确地把测量仪表接入电路：电压表并联、电流表串联接入电路。在测量过程中要注意及时调整仪表量程或换挡。

（3）在教师的指导下开展实验，在规定时间内完成实验。实验完毕，应对设备进行正常维护，搞好场地卫生，整理好设备。

（4）在实验前完成实验报告中第一～三项内容。

3.2.7　实验报告要求

实 验 报 告

实验时间：　　　年　　　月　　　日　　　完成实验用时

一、基本信息

课程名称：　　　　　　　　　实验名称：

专业班级：　　　　　　　　　学生姓名：

学　　号：

二、实验准备 1（请在实验前完成）

（1）请用文字描述负反馈放大电路的定义。

（2）请用文字和公式描述负反馈对放大电路性能的影响。

（3）请用文字和公式描述放大电路的频率特性。

三、实验准备 2

请根据实验需求填写实验所需器材。

四、实验数据记录

1. 单级负反馈放大电路

1）调节并测量放大电路的静态工作点

调节正电源输出为 9V。调节可变电阻 R_4 使 U_{ce}＝4.5V，并将其他参数记录到表 3-31 中。

表 3-31　参数记录表

测量值				计算值		
U_e/V	U_b/V	U_c/V	I_c/mA	I_b/mA	U_{ce}/V	U_{be}/V

2）负反馈对电压放大倍数的影响

测量并计算未引入负反馈和引入负反馈两种情况下的电压放大倍数；测量并带上负载后电路的电压放大倍数，完成表 3-32 的填写。

表 3-32　负载情况下电压放大倍数的测量和计算

反馈状态	负载	U_i/mV	U_o/mV	A_u
开环(S_4 断开)	空载			
	带载			
闭环(S_4 闭合)	空载			
	带载			

3）负反馈对输入输出电阻的影响

测量并计算放大器的输出电阻，完成表 3-33 的填写。

表 3-33 数据记录表

反馈状态	测量值/V		计算值/Ω
	U_{i1}	U_{i2}	输入电阻 R_i
开环			
闭环			
	空载输出电压 U_o	带负载输出电压 U_L	输出电阻 R_o
开环			
闭环			

4）负反馈对放大器频率特性的影响

完成频率特性的计算,并完成表 3-34 的填写。

表 3-34 闭环频率特性的计算

反馈状态	上限频率 f_H	下限频率 f_L	带宽 f_{bw}
开环			
闭环			

2. 两级负反馈放大电路

1）调节并测量放大电路的静态工作点

将实验程序选项卡切换到 Q_2 静态工作点选项卡,调节可变电阻 R_{17} 使得 $U_{ce2} \approx 4V$,并将静态工作点及相关计算值填入表 3-35 中。

表 3-35 静态工作点数据记录

晶体管	测量值				计算值	
	U_e/V	U_b/V	U_c/V	I_c/mA	U_{ce}/V	U_{be}/V
第一级						
第二级						

2）负反馈对电压放大倍数的影响

测量并计算未引入负反馈和引入负反馈两种情况下的电压放大倍数;测量并带上负载后电路的电压放大倍数,完成表 3-36 的填写。

表 3-36 负载后电路的电压放大倍数

反馈状态	负载	U_i/mV	U_o/mV	A_u
开环(S_4 断开)	空载			
	带载			
闭环(S_4 闭合)	空载			
	带载			

3) 负反馈对放大器频率特性的影响

完成频率特性的计算,并完成表 3-37 的填写。

表 3-37　闭环频率特性参数数据

反馈状态	上限频率 f_H	下限频率 f_L	带宽 f_{bw}
开环			
闭环			

五、实验结论分析

(1) 根据实验数据,可以得知在单级放大电路中负反馈对放大倍数有什么影响?对输出电阻有什么影响?负反馈对频率特性有什么影响?

(2) 根据实验数据,可以得知在两级放大电路中负反馈对放大倍数有什么影响?对输出电阻有什么影响?负反馈对频率特性有什么影响?

(3) 实验中测量值和额定值之间的相对误差来自于哪里?能否避免相对误差?

(4) 以上实验结论可以用于分析解决哪些问题?

六、实验总结

(1) 通过本次实验学到了哪些知识点?掌握了哪些技能点?

（2）本次实验过程中有哪些不足的地方？犯了哪些错误？

（3）实验过程中的错误和不足会带来什么后果？如何改进、杜绝实验中的不足及错误？

3.2.8 负反馈放大电路实验评分表

负反馈放大电路实验评分表如表 3-38 所示。

表 3-38　负反馈放大电路实验评分表

序号	主要内容	考 核 要 求	配分	得分	备　注
1	实验过程	实验设备准备齐全	5		
		实验流程正确	10		
		仪器、仪表操作安全、规范、正确	10		
		用电安全、规范	10		
2	实验数据	实验数据记录正确、完整	10		
		实验数据分析完整、正确	15		
3	实验报告	版面整洁、清晰	5		
		数据记录真实、准确、条理清晰	10		
		实验报告内容用语专业、规范	5		
4	职业素养	9S 规范	5		
		与同组、同班同学的合作行为	5		
		与实验指导教师的互动、合作行为	5		
		实验态度	5		
5	实验安全	是否存在安全违规行为,实验过程中是否存在及发生人身、设备安全隐患问题	是	否	参考特别说明
得　分					

特别说明：有违反安全规范、实验过程中存在及发生人身、设备安全隐患的行为一律记为 0 分

符合 9S 管理要求：详见 1.6 节

3.3　差分放大电路

知识目标

（1）能够计算差分放大电路的放大倍数和共模抑制比。

（2）能够科学记录、分析、整理实验数据。

技能目标

（1）能够正确选择实验仪器及元器件材料。

（2）能够根据实验原理进行实验。

（3）能够安全、正确地使用仪器、仪表。

3.3.1　实验目的

（1）理解并掌握差分放大电路的工作原理、性能和特点。

（2）掌握差分放大电路的基本调试方法。

（3）学习并掌握差分放大器电压放大倍数、共模抑制比等性能指标的计算方法。

3.3.2　实验流程

实验准备及教学流程如图 3-25 所示。

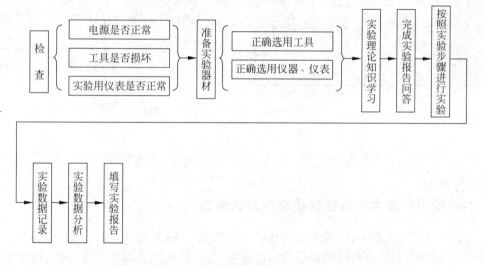

图 3-25　实验准备及教学流程框图

3.3.3　仪表器材设备

所需仪表设备、器材、工具、材料如表 3-39 所示。

表 3-39　器材清单

设备、器材、工具、材料	数量	设备、器材、工具、材料	数量
计算机	1 台	导线	1 套
NI ELVIS Ⅱ＋实验平台	1 台	电路实验套件	1 套
万用表	1 台	模拟电子技术课程实验套件	1 套

3.3.4 实验原理

1. 差分放大电路

差分放大电路由两个参数一致的放大电路组成,利用电路参数的对称性和负反馈作用,有效地稳定静态工作点,以放大差模信号抑制共模信号为显著特例,广泛应用于直接耦合电路和测量电路的输入级。按输入输出方式可分为双端输入双端输出、双端输入单端输出、单端输入双端输出和单端输入单端输出 4 种类型。按共模负反馈的形式分,有典型电路和射极带恒流源电路两种。其电路组成如图 3-26 和图 3-27 所示。

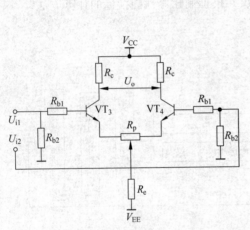

图 3-26 典型差分放大电路

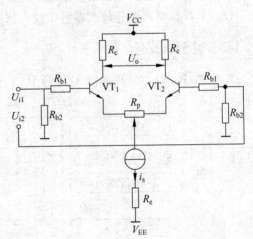

图 3-27 射极带恒流源差分放大电路

2. 差模电压放大倍数和共模电压放大倍数

对于差分放大电路来说,两个输入端输入极性相反、幅值相同的信号为差模信号。同时输入一对极性相同、幅值相同的信号为共模信号,差分放大电路的应用很广泛,如抑制零点漂移、减小工频干扰等。

差模电压放大倍数 A_{ud} 与输入方式无关,只与输出方式有关。双端输出时,有

$$A_{ud} = -\frac{\beta R_c}{r_{be} + (1+\beta)\dfrac{R_p}{2}}$$

单端输出时,差模电压放大倍数为双端输出时的一半,即

$$A_{ud1} = A_{ud2} = \frac{A_{ud}}{2}$$

理想的差分放大电路由于两个共射放大电路的参数完全对称,故共模电压放大倍数为 0。但实际器件存在微小的差异,达不到完全对称,实际会存在微弱的共模电压增益。

3. 共模抑制比

共模抑制比 CMRR 是衡量差分放大电路的重要指标,其定义为差模信号电压放大倍数

A_{ud} 与共模信号电压放大倍数 A_{uc} 之比的绝对值,即

$$K_{CMRR} = \left| \frac{A_{ud}}{A_{uc}} \right|$$

共模抑制比越大,电路的性能就越好。因此,增大 R_e、射极引入恒流源是改善共模抑制比的基本措施。

3.3.5 实验任务及步骤

1. 典型差分放大电路

1) 静态工作点的调零与测量

将开关的设置调节为 S_{11} 断、S_{12} 断、S_{13} 通、S_{14} 断、S_{15} 断,此时实验板上差分放大电路连接如图 3-28 所示。

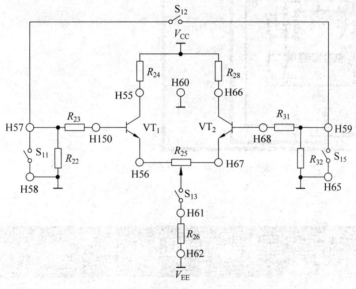

图 3-28　典型差分放大电路原理

(1) 断开 NI ELVIS Ⅱ＋右上角的电源,使用导线分别连接 NI ELVIS Ⅱ＋主机上万用表接口的 A、COM、V 和实验板上的 A、COM、V 接线座。

(2) 闭合开关 S_{12},断开开关 S_{11}、S_{15}。使用导线连接该实验模块的电源,H69 的 V_{CC} 与实验板上方的 SUPY＋相连,H69 的接地端与上方的 GND 相连,H69 的 V_{EE} 与实验板上方的 SUPY－相连,如图 3-29 所示。

(3) 用导线连接 U_{o1} 和 V,连接 U_{o2} 和 COM,为 NI ELVIS Ⅱ＋实验平台上电,运行"实验 3 差分放大电路"程序,如图 3-30 所示。

(4) 调节正电源输出为 9V,负电源输出为 －9V。

(5) 调节电阻 R_{25},使输出电压为 0V。

(6) 断开 NI ELVIS Ⅱ＋右上角电源,断开 U_{o2} 与 COM 的连接,连接 COM 和 H60(GND),连接 H150 和 AI0＋,连接 H56 和 AI1＋,连接 U_{o2} 和 AI2＋,连接 H68 和 AI3＋,连接 H67 和

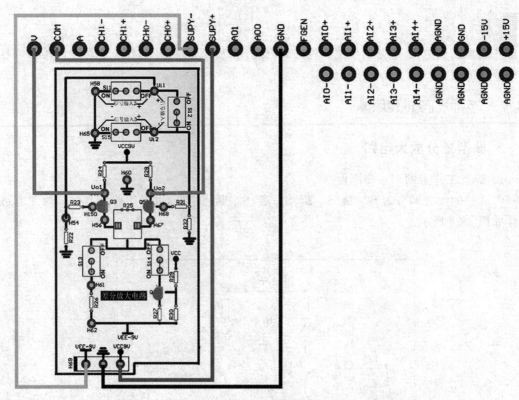

图 3-29　差分放大电路——静态工作点的调零和测量 1

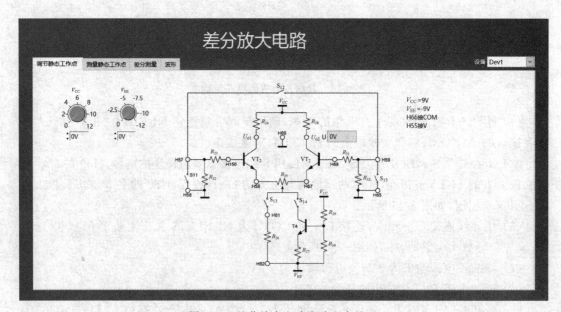

图 3-30　差分放大电路实验程序界面

AI4＋,为 NI ELVIS Ⅱ＋上电,如图 3-31 所示。

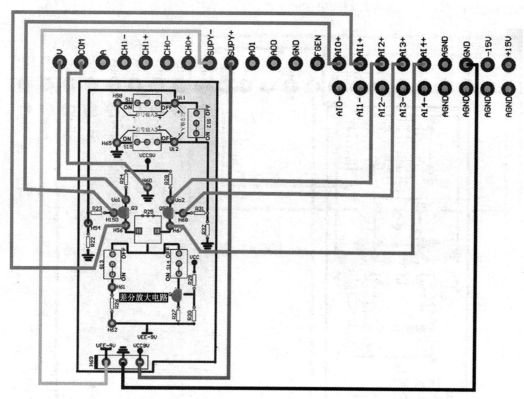

图 3-31 差分放大电路——静态工作点的调零与测量 2

(7) 切换程序到测量静态工作点选项卡,将晶体管的静态工作点记录在表 3-40 中。

表 3-40 晶体管的静态工作点   单位:V

晶体管	测 量 值			计 算 值	
	U_{eQ}	U_{bQ}	U_{cQ}	U_{ceQ}	U_{beQ}
VT$_1$					
VT$_2$					

2) 测量交流差模单端输入电压放大倍数

单端输入是指输入信号与放大器共地,信号从其中一个输入端输入,另一端接地。假设信号从左侧输入记为 U_{i1},右侧接地,即 $U_{i2}=0V$,此时单端输出的电压放大倍数计算式为

$$A_{d1}=\frac{U_{c1}-U_{cQ1}}{U_{i2}} \quad A_{d2}=\frac{U_{c2}-U_{cQ2}}{U_{i1}}$$

双端输出时,电压放大倍数为

$$A_d=\frac{U_o}{U_{i1}}=\frac{U_{c1}-U_{c2}}{U_{i1}}$$

断开 NI ELVIS Ⅱ＋右上方电源开关,断开开关 S$_{11}$、S$_{12}$,闭合开关 S$_{15}$。使用导线连接 U_{i1} 和 AO0、AI0＋,连接 U_{i2} 和 AI0－,连接 U_{o1} 和 AI1＋,连接 U_{o2} 和 AI1－,如图 3-32 所示。

（1）闭合 NI ELVIS Ⅱ＋右上方电源开关，切换实验程序到差分测量选项卡，在实验程序上使波形输出产生 $U_{PP}=100\text{mV}$，$f=1\text{kHz}$ 的正弦波。

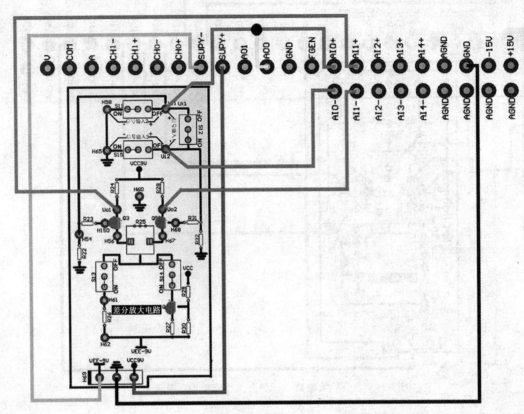

图 3-32   差分放大电路——测量交流差模单端输入电压放大倍数

（2）观察 AI0 和 AI2 的波形，如果输出失真，应适当调小信号发生器的输出电压。将输入输出电压的有效值记录到表 3-41 中，并计算相应的电压放大倍数。

表 3-41   数据记录表

测量值/V				计 算 值		
U_{i1}	U_{c1}	U_{c2}	U_o	A_{d1}	A_{d2}	A_d

3）测量交流差模双端输入电压放大倍数

双端输入是指输入信号不与放大器共地，信号的正、负端分别从放大器的两个输入端送入放大器。此时输入信号为两个输入端电压之差，即 $U_i=U_{i1}-U_{i2}$。单端输出时电压放大倍数计算式为

$$A_{d1}=\frac{U_{c1}-U_{cQ1}}{U_{i1}-U_{i2}}A_{d2}=\frac{U_{c2}-U_{cQ2}}{U_{i1}-U_{i2}}$$

双端输出时，电压放大倍数为

$$A_d=\frac{U_o}{U_i}=\frac{U_{c1}-U_{c2}}{U_{i1}-U_{i2}}$$

断开 NI ELVIS Ⅱ＋右上方电源开关，断开开关 S_{11}、S_{12}、S_{15}，用导线连接 U_{i2} 和 AO1，如图 3-33 所示。

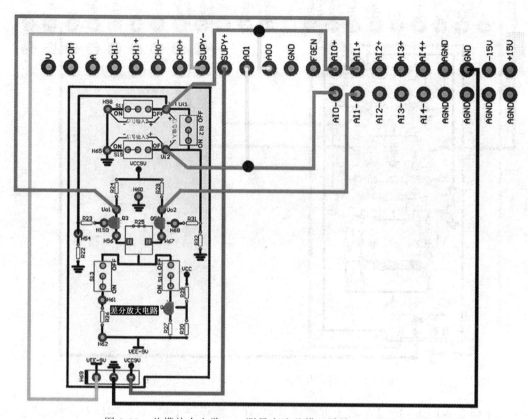

图 3-33　差模放大电路——测量交流差模双端输入电压放大倍数

（1）闭合 NI ELVIS Ⅱ＋右上方电源开关，在实验程序上使 AO0 输出 $U_{PP}＝0.1V$，频率为 1kHz，相位为 0 的正弦波；AO1 输出 $U_{PP}＝0.1V$，频率为 1kHz，相位为 180°的正弦波。

（2）观察 AI1 的波形，如果输出失真，应适当调小信号发生器的输出电压。将输入输出电压的有效值记录在表 3-42 中并计算相应的电压放大倍数。

表 3-42　数据记录

测量值/V				计 算 值		
U_i（CH0）	U_{c1}（AI0）	U_{c2}（AI1）	U_o（CH1）	A_{d1}	A_{d2}	A_d

4）测量共模电压放大倍数

共模输入是指在放大器的两个输入端输入相同的信号，即 $U_{i1}＝U_{i2}＝U_i$。众所周知，差分放大器对共模信号有抑制作用，故需要增大共模信号输入的幅值，便于测量共模放大倍数。

（1）断开 NI ELVIS Ⅱ＋右上方电源开关，断开开关 S_{11}、S_{15}，闭合开关 S_{12}。断开 U_{i2} 和 AO1 的连线，如图 3-34 所示。

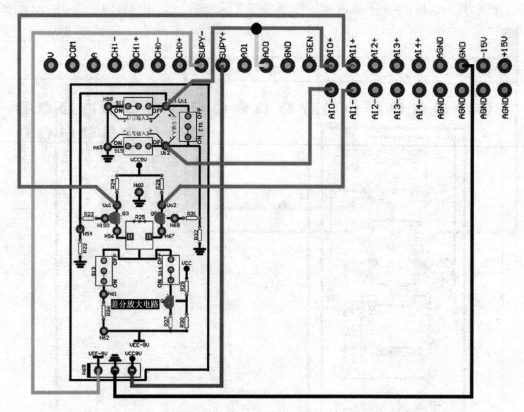

图 3-34 差模放大电路——测量共模电压放大倍数

（2）闭合 NI ELVIS Ⅱ＋右上方电源开关，在实验程序上使 AO0 输出 $U_{PP}=1V$，$f=1kHz$ 的正弦波。

（3）将输入输出电压的有效值记录到表 3-43 中，并计算相应的电压放大倍数。

表 3-43 输入输出电压的有效值及其电压放大倍数

测量值/V				计算值		
U_i（AI0）	U_{c1}（AI1）	U_{c2}（AI2）	U_o（CH1）	A_{c1}	A_{c2}	A_c

（4）将上述实验数据填入表 3-44 中，并计算共模抑制比。

表 3-44 计算共模抑制化

输入方式	A_d	A_c	CMRR
单端输入			
双端输入			

2. 射极带恒流源差分放大电路

1）静态工作点的调零与测量

断开 ELVIS 右上方电源开关，断开实验前面 1 中的连线。将开关的设置调节为 S_{11}

断、S_{12} 断、S_{13} 断、S_{14} 通、S_{15} 断,此时实验板上差分放大电路连接如图 3-35 所示。

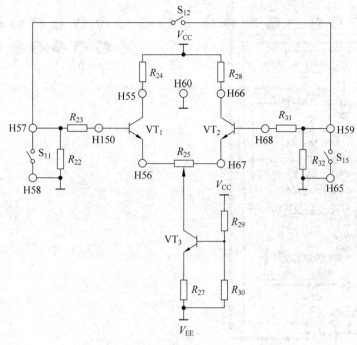

图 3-35　射极带恒流源差分放大电路原理

差分放大器的射极用一个静态工作点固定的晶体管取代原来的射极电阻 R_{26},晶体管工作在放大区时 $i_c = \beta i_b$,VT_3 的基极电压固定,故基极电流固定,忽略温度对放大倍数 β 的影响,集电极电流也就固定了。可以看作一个恒流源。

(1) 闭合开关 S_{12},断开开关 S_{11}、S_{15}。使用导线连接该实验模块的电源,H69 的 V_{CC} 与实验板上方的 SUPY+相连,H69 的接地端与上方的 GND 相连,H69 的 V_{EE} 与实验板上方的 SUPY-相连,图 3-36 所示。

(2) 用导线连接 U_{o1} 和 V,连接 U_{o2} 和 COM,为 NI ELVIS Ⅱ+实验平台上电,运行实验程序,如图 3-36 所示。

(3) 调节正电源输出为 9V,负电源输出为-9V。

(4) 调节电阻 R_{25},使输出电压为 0V。

(5) 断开 NI ELVIS Ⅱ+右上角电源,断开 U_{o2} 与 COM 的连接,连接 COM 和 H60 (GND),连接 H50 和 AI0+,连接 H56 和 AI1+,连接 U_{o2} 和 AI2+,连接 H68 和 AI3+,连接 H67 和 AI4+,如图 3-37 所示,为 NI ELVIS Ⅱ+上电。

(6) 切换程序到测量静态工作点选项卡,将晶体管的静态工作点记录在表 3-45 中。

表 3-45　晶体管静态工作点数据　　　　　　　　单位:V

晶体管	测　量　值			计　算　值	
	U_{eQ}	U_{bQ}	U_{cQ}	U_{ceQ}	U_{beQ}
VT_1					
VT_2					

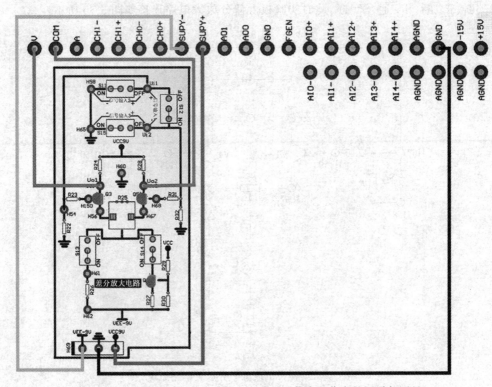

图 3-36　射极带恒流源差分放大电路——静态工作点的调零与测量

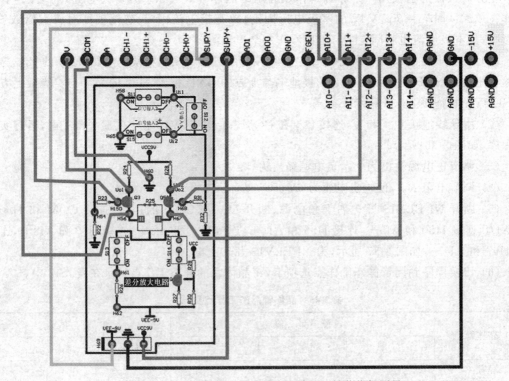

图 3-37　射极带恒流源差分放大电路——性能指标测量

2）射极带恒流源差分放大电路性能指标测量

依次重复射极带恒流源差分放大电路实验中的步骤 1～步骤 4，测量差模电压放大倍数、共模电压放大倍数、共模抑制比等参数，并填入表 3-46 中。

表 3-46　数据记录

差模电压	测量值/V				计 算 值			CMRR
	U_i（CH0）	U_{c1}（AI0）	U_{c2}（AI1）	U_o（CH1）	A_{d1}	A_{d2}	A_d	
单端								
双端								
共模电压	U_i（CH0）	U_{c1}（AI0）	U_{c2}（AI1）	U_o（CH1）	A_{c1}	A_{c2}	A_c	

通过上面的实验以及所得到的实验数据分析，可以得到结论： _____

_____

3.3.6　实验注意事项

（1）严格按照 NI ELVIS Ⅱ＋实验平台使用要求进行实验，接好电路所有元器件后，应认真检查电路，确认无短路情况，指导教师检查后才可接通电源。

（2）正确地把测量仪表接入电路：电压表并联、电流表串联接入电路。在测量过程中要注意及时调整仪表量程或换挡。

（3）在教师的指导下开展实验，在规定时间内完成实验。实验完毕，应对设备进行正常维护，搞好场地卫生，整理好设备。

（4）在实验前完成实验报告中第一～三项内容。

3.3.7　实验报告要求

实 验 报 告

实验时间：　　　年　　　月　　　日　　　完成实验用时：

一、基本信息

课程名称：　　　　　　　　实验名称：

专业班级：　　　　　　　　学生姓名：

学　　号：

二、实验准备 1（请在实验前完成）

（1）请用文字描述什么是差分放大电路。

(2) 请用文字和公式描述差模放大电路的放大倍数,描述什么是共模信号,差分放大电路的共模信号放大倍数有什么特点。

(3) 请用文字和公式描述共模抑制比。

三、实验准备 2

请根据实验需求填写实验所需器材。

四、实验数据记录

1. 典型差分放大电路

(1) 静态工作点的调零和测量。

将晶体管的静态工作点记录在表 3-47 中。

表 3-47　晶体管的静态工作点数据　　　　　　　　　单位: V

晶体管	测　量　值			计　算　值	
	U_{eQ}	U_{bQ}	U_{cQ}	U_{ceQ}	U_{beQ}
VT$_1$					
VT$_2$					

(2) 测量交流差模单端输入电压放大倍数。

将输入输出电压的有效值记录在表 3-48 中,并计算相应的电压放大倍数。

表 3-48　数据记录表

测量值/V				计　算　值		
U_{i1}	U_{c1}	U_{c2}	U_o	A_{d1}	A_{d2}	A_d

(3) 测量交流差模双端输入电压放大倍数。

将输入输出电压的有效值记录在表 3-49 中,并计算相应的电压放大倍数。

表 3-49　数据记录表

测量值/V				计　算　值		
U_i(CH0)	U_{c1}(AI0)	U_{c2}(AI1)	U_o(CH1)	A_{d1}	A_{d2}	A_d

(4) 测量共模电压放大倍数

将输入输出电压的有效值记录在表 3-50 中，并计算相应的电压放大倍数。

表 3-50　输入输出电压的有效值及其电压放大倍数

测量值/V				计 算 值		
U_i（AI0）	U_{c1}（AI1）	U_{c2}（AI2）	U_o（CH1）	A_{c1}	A_{c2}	A_c

将上述实验数据填入表 3-51 中，并计算共模抑制比。

表 3-51　计算共模抑制化

输入方式	A_d	A_c	CMRR
单端输入			
双端输入			

2. 射极带恒流源差分放大电路

(1) 将晶体管的静态工作点记录在表 3-52 中。

表 3-52　晶体管的静态工作点数据　　　　单位：V

晶体管	测 量 值			计 算 值	
	U_{eQ}	U_{bQ}	U_{cQ}	U_{ceQ}	U_{beQ}
VT_1					
VT_2					

(2) 射极带恒流源差分放大电路性能指标测试。

测量射极带恒流源差分放大电路的差模电压放大倍数、共模放大倍数、共模抑制比等参数，并填入表 3-53 中。

表 3-53　数据记录表

差模电压	测量值/V				计 算 值			CMRR
	U_i（CH0）	U_{c1}（AI0）	U_{c2}（AI1）	U_o（CH1）	A_{d1}	A_{d2}	A_d	
单端								
双端								
共模电压	U_i（CH0）	U_{c1}（AI0）	U_{c2}（AI1）	U_o（CH1）	A_{c1}	A_{c2}	A_c	

五、实验结论分析

(1) 根据以上实验结果，得出单端输入和双端输入信号的电压放大倍数有什么区别？

（2）根据实验结果能否验证差分放大电路抑制共模信号的特性？

（3）实验中测量值和额定值之间的相对误差来自于哪里？能否避免相对误差？

（4）以上实验结论可以用于分析解决哪些问题？

六、实验总结
（1）通过本次实验学到了哪些知识点？掌握了哪些技能点？

（2）本次实验过程中有哪些不足的地方？犯了哪些错误？

（3）实验过程中的错误和不足会带来什么后果？如何改进、杜绝实验中的不足及错误？

3.3.8　差分放大电路实验评分表

差分放大电路实验评分表如表 3-54 所示。

表 3-54　差分放大电路实验评分表

序号	主要内容	考核要求	配分	得分	备注
1	实验过程	实验设备准备齐全	5		
		实验流程正确	10		
		仪器、仪表操作安全、规范、正确	10		
		用电安全、规范	10		
2	实验数据	实验数据记录正确、完整	10		
		实验数据分析完整、正确	15		
3	实验报告	版面整洁、清晰	5		
		数据记录真实、准确、条理清晰	10		
		实验报告内容用语专业、规范	5		

续表

序号	主要内容	考核要求	配分	得分	备　注
4	职业素养	9S 规范	5		
		与同组、同班同学的合作行为	5		
		与实验指导教师的互动、合作行为	5		
		实验态度	5		
5	实验安全	是否存在安全违规行为,实验过程中是否存在及发生人身、设备安全隐患问题	是	否	参考特别说明
得　分					

特别说明:有违反安全规范、实验过程中存在及发生人身、设备安全隐患的行为一律记为 0 分
符合 9S 管理要求:详见 1.6 节

3.4　基本运算放大电路

知识目标

(1) 能够使用运算放大器实现比例、求和、积分、微分电路。

(2) 能够科学记录、分析、整理实验数据。

技能目标

(1) 能够正确选择实验仪器及元器件材料。

(2) 能够根据实验原理进行实验。

(3) 能够安全、正确地使用仪器、仪表。

3.4.1　实验目的

(1) 了解运算放大器在线性区工作时的特点。

(2) 掌握运算放大器好坏的判别方法。

(3) 掌握运算放大器组成的比例、求和、积分、微分电路的组成、原理及其测试方法。

3.4.2　实验流程

实验准备及教学流程如图 3-38 所示。

3.4.3　仪表器材设备

所需仪表设备、器材、工具、材料如表 3-55 所示。

表 3-55　器材清单

设备、器材、工具、材料	数量	设备、器材、工具、材料	数量
计算机	1 台	导线	1 套
NI ELVIS Ⅱ+实验平台	1 台	电路实验套件	1 套
万用表	1 台	模拟电子技术课程实验套件	1 套

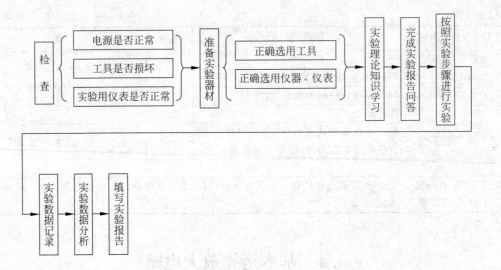

图 3-38　实验准备及教学流程

3.4.4　实验原理

运算放大器(简称"运放")是具有很高放大倍数的电路单元。在实际电路中,通常结合反馈网络共同组成某种功能模块。它是一种带有特殊耦合电路及反馈的放大器。其输出信号可以是输入信号的比例、加减、积分、微分、对数等数学运算的结果。运放的电路符号及实物引脚如图 3-39 所示。

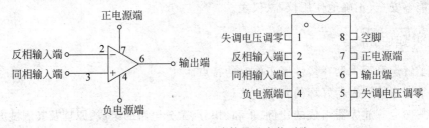

图 3-39　运放的电路符号及实物引脚

运算放大器在线性区工作时的特点如下。

在运放的应用电路中,运放的工作区域有两种,分别是线性区和非线性区,运放对外的特性曲线如图 3-40 所示。

为了使运放工作在线性区,一般都在电路中引入深度负反馈,反馈网络的不同可以构成不同的运算电路。运放工作在线性区时具有虚短和虚断的特点。

虚短:运放的两个输入端之间的电压非常接近,即 $U_+ \approx U_-$,看起来就像短接在一起,但实际上不是短路,故称为虚短。

虚断:运放两个输入端的输入电阻接近无穷大,输入运放的电流近似为 0,即 $I_+ \approx 0$、$I_- \approx 0$,看起来就像断路一样,但实际上不是断路,故称为虚断。

利用运放工作在线性区时 $U_+ \approx U_-$、$I_+ \approx 0$、$I_- \approx 0$,对电路进行分析会有一定的误差,但该误差通常可以忽略不计。

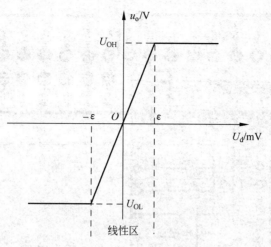

图 3-40　运放在线性区的工作特性曲线

3.4.5　实验任务及步骤

1. 运放好坏的检测——电压跟随器

实验板上的基本运算放大电路原理图如图 3-41 所示。

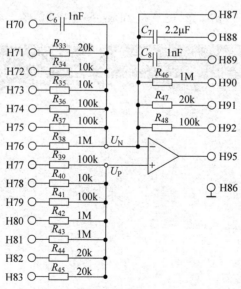

图 3-41　基本运算放大电路原理

（1）断开 NI ELVIS Ⅱ＋右上角的电源开关，使用导线连接该实验模块的电源，连接 H97 的 V_{CC} 接线端和实验板上方的＋15V，连接 H97 的 V_{EE} 接线端和－15V，连接 H97 接地端和 GND。

用导线连接 U_o 和 H87、AI1＋。连接 U_P 和 FGEN、AI0＋。如图 3-42 所示。为 NI ELVIS Ⅱ＋实验平台上电，运行实验"实验 4 基本运算放大电路"程序，如图 3-43 所示。

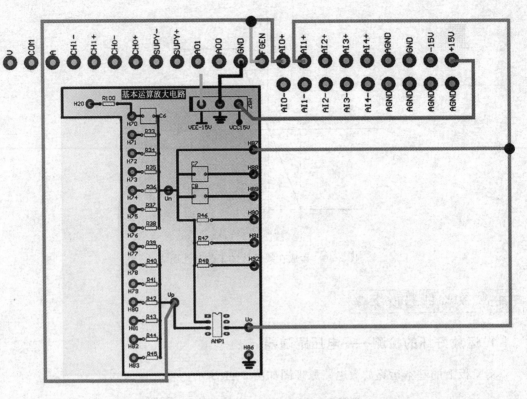

图 3-42　运算放大电路——电压跟随器

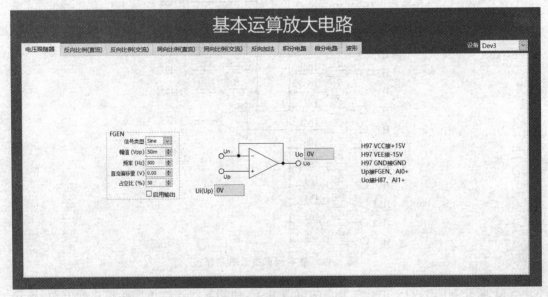

图 3-43　基本运算放大电路实验程序界面

（2）在实验程序上设置信号发生器产生 $U_{\mathrm{PP}}=1\mathrm{V}$，$f=1\mathrm{kHz}$ 的正弦波，观察 AI0 和 AI1 的波形是否一致，若一致，则表明运算放大器是好的。若不一致，则表明该运算放大器可能是坏的，检测电路连接与输出的设置，确认无误后仍无法观察到 AI0 和 AI1 有相同的波形时,应更换运放芯片。

2. 反相比例运算放大电路

反相比例运算放大器的基本电路如图 3-44 所示。

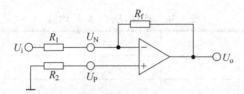

图 3-44　反相比例运算放大器原理

根据运放在线性区"虚短、虚断"的特性可以得到

$$U_N = U_P = 0 \quad I_{R1} = I_{Rf} = \frac{U_i - U_N}{R_1}$$

整理可得

$$U_o = U_{Rf} = -I_{Rf} \cdot R_f = -\frac{R_f}{R_1} \cdot U_i$$

1) 直流信号输入

(1) 断开 NI ELVIS Ⅱ+右上角的电源开关,断开除 H97 以外的所有连线。使用导线连接 U_o 和 H92,连接 H78 和 H86,连接 H73 和 AO1,此时 $R_f = 100\text{k}\Omega, R_1 = R_2 = 10\text{k}\Omega$。

为 NI ELVIS Ⅱ+实验平台上电,运行实验程序,在实验程序上控制 AO0 输出为 -1.2V,如图 3-45 所示。

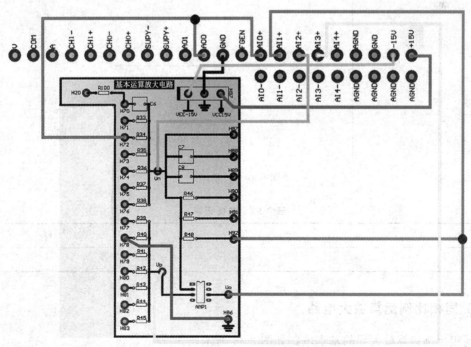

图 3-45　反相加法比例放大电路

(2) 观察实验程序将 U_N、U_P、U_o 记录到表 3-56 中。

(3) 重复步骤(1),完成表 3-56。

(4) 计算 U_o/U_i 的平均值,完成表 3-56,与通过理论计算得到的 U_o/U_i 理论值进行对比。

表 3-56　计算 U_o/U_i 的平均值　　　　　　　单位：V

U_i	−1.2	−0.8	−0.4	0.4	0.8	1.2
U_N						
U_P						
U_o						
U_o/U_i						

2) 交流信号输入

(1) 断开 NI ELVIS Ⅱ＋右上角的电源,断开 H72 和 AO0 的连接,用导线连接 H72 和 FGEN。

(2) 为 NI ELVIS Ⅱ＋实验平台上电,运行实验程序。在程序上使信号发生器输出 $U_{PP}=0.5V$,$f=1kHz$ 的正弦波。

(3) 观察 AI0 和 AI1 的波形,并将其绘制到图 3-46 及实验报告上,记录其有效值并计算放大比例,完成表 3-57 的填写。

图 3-46　波形图

表 3-57　数据记录

U_i	U_o	$A_u(U_o/U_i)$

3. 同相比例运算放大电路

同相比例运算放大器的基本电路如图 3-47 所示。

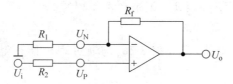

图 3-47　同相比例运算放大器电路原理

根据运放在线性区"虚短、虚断"的特性,可以得到

$$U_N = U_P = U_i \quad I_{R1} = I_{Rf} = \frac{U_N}{R_1}$$

整理可得

$$U_o = U_{Rf} + U_N = I_{Rf} \cdot R_f + U_i = \left(\frac{R_f}{R_1} + 1\right) \cdot U_i$$

1）直流信号输入

（1）断开 ELVIS 右上角的电源开关,断开除 H97 以外的导线连接。使用导线连接 U_o 和 H92、AI1＋,连接 H78 和 AO0、AI0＋,连接 H72 和 H86,U_N 接 AI2＋,U_P 接 AI3＋。此时 $R_f = 100\text{k}\Omega$,$R_1 = R_2 = 10\text{k}\Omega$。

为 NI ELVIS Ⅱ＋实验平台上电,运行实验程序,在实验程序上控制 AO0 输出－1.2V,如图 3-48 所示。

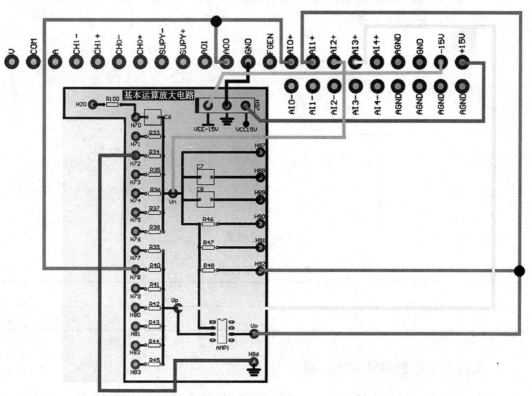

图 3-48　同相比例运算放大电路——直流信号输入

（2）观察实验程序，将 U_N、U_P、U_o 记录到表 3-58 中。

（3）重复步骤（1），完成表 3-58。

（4）计算 U_o/U_i 的平均值，完成表 3-58，与通过理论计算得到的 U_o/U_i 理论值进行对比。

表 3-58 计算 U_o/U_i 的平均值 　　　　　　　　　　　　　　　　单位：V

U_i	−1.2	−0.8	−0.4	0.4	0.8	1.2
U_N						
U_P						
U_o						
U_o/U_i						

2）交流信号输入

（1）断开 NI ELVIS Ⅱ＋右上角的电源，断开 H78 和 AO0 的连接，用导线连接 H78 和 FGEN。

（2）为 NI ELVIS Ⅱ＋实验平台上电，运行实验程序。在程序上使信号发生器输出 $U_{PP}=0.5V$，$f=1kHz$ 的正弦波。

（3）观察 AI0 和 AI1 的波形，并将其绘制到图 3-49 及实验报告上，记录其有效值并计算放大比例，完成表 3-59 的填写。

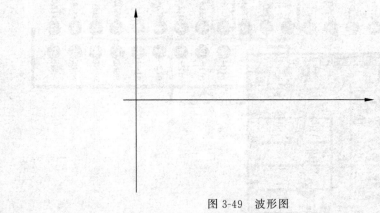

图 3-49 波形图

表 3-59 数据记录

U_i	U_o	$A_u(U_o/U_i)$

4. 反相加法比例运算放大电路

反相加法比例运算放大器的基本电路如图 3-50 所示。

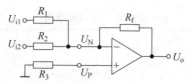

图 3-50 反相加法比例运算放大器的电路原理

根据运放在线性区虚短、虚断的特性,可以得到

$$U_N - U_P = 0 \qquad I_{Rf} = I_{R1} + I_{R2} = \frac{U_{i1}}{R_1} + \frac{U_{i2}}{R_2}$$

整理可得

$$U_o = U_{Rf} = I_{Rf} \cdot R_f = \frac{R_f}{R_1} \cdot U_{i1} + \frac{R_f}{R_2} \cdot U_{i2}$$

(1) 断开 NI ELVIS II+右上角的电源开关,断开除 H97 以外的所有连线。用导线连接 H72 和 AO0,连接 H73 和 AO1,连接 H78 和 H86,连接 U_o 和 H92。此时,$R_f = 100k\Omega$,$R_1 = R_2 = R_3 = 10k\Omega$,如图 3-51 所示。

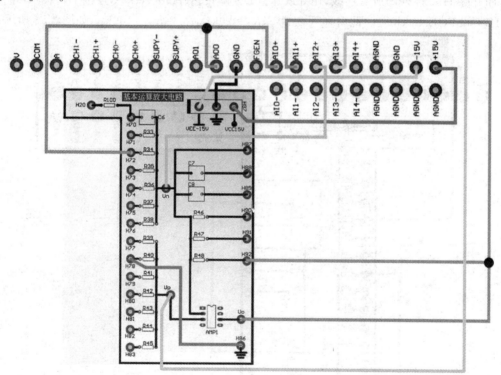

图 3-51 运算放大电路——反相比例运算放大电路

(2) 为 NI ELVIS II+实验平台上电,运行实验程序,在实验程序上控制 AO0 和 AO1 依次输出表 3-60 中的值。

(3) 观察实验程序采集的电压值,并记录到表 3-60 中。

5. 积分电路

积分电路的组成如图 3-52 所示。

表 3-60　电压值数据　　　　　　　　　　　　　　　　　单位：V

U_{i1}(AO0)	0.2	−0.2	0.2	−0.2	0.8	0.4
U_{i2}(AO1)	0.3	0.3	−0.3	−0.3	−0.4	−0.8
U_o(测量值)						
U_o(理论值)						

根据运放在线性区虚短、虚断的特性，可以得到

$$U_N = U_P = 0 \quad i_{R1} = i_C = \frac{u_i}{R_1}$$

整理可得

$$u_o = -u_C = -\frac{1}{C}\int i_C \, \mathrm{d}t = -\frac{1}{R_1 C}\int u_i \, \mathrm{d}t$$

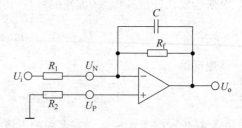

图 3-52　积分电路原理

（1）断开 NI ELVIS Ⅱ＋右上角的电源，断开除 H97 以外的所有连线，用导线连接 U_o 和 H88、H90、AI1＋，连接 H77 和 H86，连接 H74 和 FGEN、AI0＋。此时，$C=2.2\mu$F，$R_f=20$kΩ，$R_1=R_2=100$kΩ，如图 3-53 所示。

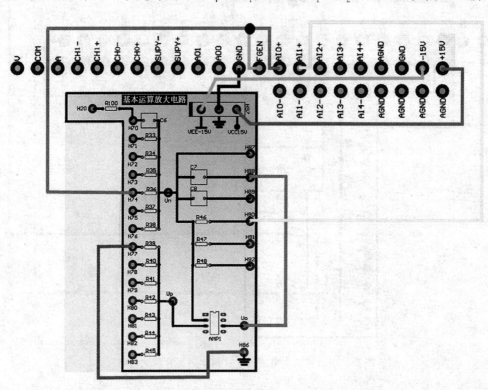

图 3-53　积分电路接线示意图

（2）为 NI ELVIS Ⅱ＋实验平台上电，运行实验程序。在程序上使信号发生器输出 $U_{PP}=1$V，$f=1$kHz 的方波。

（3）观察 AI0 和 AI1 的波形，并将其绘制到图 3-54 及实验报告上。

6. 微分电路

微分电路的组成如图 3-55 所示。

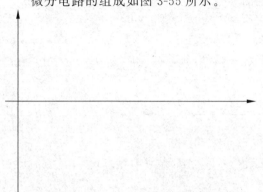

图 3-54 波形图

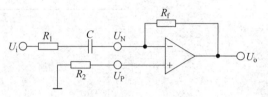

图 3-55 微分电路原理

根据运放在线性区"虚短、虚断"的特性,可以得到

$$U_N = U_P = 0 \quad i_{Rf} = i_C = C\frac{\mathrm{d}u_i}{\mathrm{d}t}$$

整理可得

$$u_o = -u_{Rf} = -i_{Rf}R_f = -R_fC\frac{\mathrm{d}u_i}{\mathrm{d}t}$$

(1) 断开 NI ELVIS Ⅱ + 右上角的电源,断开除 H97 以外的所有连线,用导线连接 U_o 和 H90、AI1+,连接 H77 和 H86,连接 H20 和 FGEN、AI0+。此时 $C = 1\text{nF}$,$R_f = R_2 = 100\text{k}\Omega$,如图 3-56 所示。

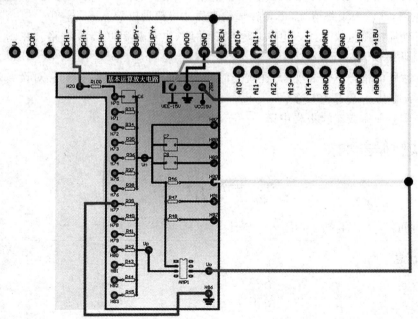

图 3-56 微分电路接线示意图

（2）为 NI ELVIS Ⅱ＋实验平台上电，运行实验程序。在程序上使信号发生器输出 $U_{PP}=1V, f=1kHz$ 的三角波。

（3）观察 AI0 和 AI1 的波形，并将其绘制到图 3-57 及实验报告上。

图 3-57　波形图

7. 扩展型实验

使用现有的电路通过不同的连线实现 $u_o=1-2u_i$ 的电路。连线方式、电路、输入输出波形绘制在实验报告中。

通过上面的实验以及所得到的实验数据分析，可以得到结论：_____

_____

3.4.6　实验注意事项

（1）严格按照 NI ELVIS Ⅱ＋实验平台使用要求进行实验，接好电路所有元器件后，应认真检查电路，确认无短路情况，指导教师检查后才可接通电源。

（2）正确地把测量仪表接入电路：电压表并联、电流表串联接入电路。在测量过程中要注意及时调整仪表量程或换挡。

（3）在教师的指导下开展实验，在规定时间内完成实验。实验完毕，应对设备进行正常维护，搞好场地卫生，整理好设备。

（4）在实验前完成实验报告中第一～三项内容。

3.4.7　实验报告要求

实　验　报　告

实验时间：　　　年　　　月　　　日　　　　完成实验用时：

一、基本信息	
课程名称：	实验名称：
专业班级：	学生姓名：
学　　号：	

二、实验准备 1(请在实验前完成)

(1) 请用文字描述什么是运算放大器。

(2) 请描述运算放大器在线性区工作时的特点。

三、实验准备 2

请根据实验需求填写实验所需器材。

四、实验数据记录

1. 反相比例运算放大器

1)直流信号输入

断开 NI ELVIS Ⅱ＋右上角的电源,使用导线连接 U_o 和 H92、AI1＋,连接 H78 和 H86,连接 H72 和 AO0、AI0＋,U_N 接 AI2＋,U_P 接 AI3＋。为 NI ELVIS Ⅱ＋实验平台上电,运行实验程序,在实验程序上控制 AO0 输出为－1.2V,完成表 3-61 的填写。

表 3-61　计算 U_o/U_i 的平均值　　　　　　　　　　　单位:V

U_i	−1.2	−0.8	−0.4	0.4	0.8	1.2
U_N						
U_P						
U_o						
U_o/U_i						

2)交流信号输入

断开 NI ELVIS Ⅱ＋右上角的电源,断开 H72 和 AO0 的连接,用导线连接 H72 和 FGEN。为 NI ELVIS Ⅱ＋实验平台上电,运行实验程序。在程序上使信号发生器输出 $U_{PP}=0.5$V,$f=1$kHz 的正弦波。观察 AI0 和 AI1 的波形,并将其绘制在图 3-58 上,记录其有效值并计算放大比例,完成表 3-62 的填写。

表 3-62　数据记录

U_i/V	U_o/V	$A_u(U_o/U_i)$

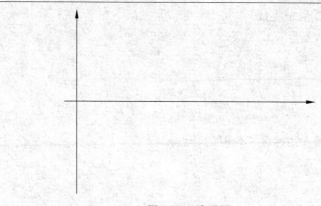

图 3-58　波形图

2. 同相比例运算放大器

1) 直流信号输入

断开 NI ELVIS Ⅱ+右上角的电源开关,断开除 H97 以外的导线连接。使用导线连接 U_o 和 H92、AI1+,连接 H78 和 AO0,AI0+,连接 H72 和 H86,U_N 接 AI2+,U_P 接 AI3+。为 NI ELVIS Ⅱ+实验平台上电,运行实验程序,在实验程序上控制 AO0 输出−1.2V,完成表 3-63 的填写。

表 3-63　计算 U_o/U_i 的平均值　　　　　　　　　　　　　　　　单位:V

U_i	−1.2	−0.8	−0.4	0.4	0.8	1.2
U_N						
U_P						
U_o						
U_o/U_i						

2) 交流信号输入

断开 NI ELVIS Ⅱ+右上角的电源,断开 H78 和 AO0 的连接,用导线连接 H78 和 FGEN。为 NI ELVIS Ⅱ+实验平台上电,运行实验程序。在程序上使信号发生器输出 $U_{PP}=0.5\text{V}$,$f=1\text{kHz}$ 的正弦波。观察 AI0 和 AI1 的波形并将其绘制在图 3-59 上,记录其有效值并计算放大比例,完成表 3-64 的填写。

图 3-59　波形图

表 3-64　数据记录

U_i/V	U_o/V	$A_u\,(U_o/U_i)$

3. 反相加法比例运算放大电路

断开 NI ELVIS Ⅱ＋右上角的电源开关,断开除 H97 以外的所有连线。用导线连接 H72 和 AO0,连接 H73 和 AO1,连接 H78 和 H86,连接 U_o 和 H92。为 NI ELVIS Ⅱ＋实验平台上电,运行实验程序,在实验程序上控制 AO0 和 AO1 依次输出表中的值,完成表 3-65 的填写。

表 3-65　电压值数据　　　　　　　　　　　　　　　　　单位:V

U_{i1} (AO0)	0.2	−0.2	0.2	−0.2	0.8	0.4
U_{i2} (AO1)	0.3	0.3	−0.3	−0.3	−0.4	−0.8
U_o (测量值)						
U_o (理论值)						

4. 积分电路

断开 NI ELVIS Ⅱ＋右上角的电源,断开除 H97 以外的所有连线,用导线连接 U_o 和 H88、H90、AI1＋,连接 H77 和 H86,连接 H74 和 FGEN、AI0＋。为 NI ELVIS Ⅱ＋实验平台上电,运行实验程序。在程序上使信号发生器输出 $U_{PP}=1V$,$f=1kHz$ 的方波。观察 AI0 和 AI1 的波形并将其绘制在图 3-60 中。

图 3-60　波形图

5. 微分电路

断开 NI ELVIS Ⅱ＋右上角的电源,断开除 H97 以外的所有连线,用导线连接 U_o 和 H90、AI1＋,连接 H77 和 H86,连接 H20 和 FGEN、AI0＋。为 NI ELVIS Ⅱ＋实验平台上电,运行实验程序。在程序上使信号发生器输出 $U_{PP}=1V$,$f=1kHz$ 的三角波。观察 AI0 和 AI1 的波形,并将其绘制在图 3-61 上。

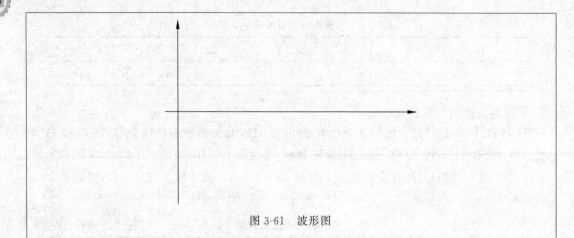

图 3-61　波形图

6. 扩展型实验

使用现有的电路通过不同的连线实现 $u_o = 1 - 2u_i$ 的电路。连线方式、电路、输入输出波形绘制在实验报告中。

五、实验结论分析

(1) 根据以上实验,可以得知放大电路可以实现怎样的功能?

(2) 实验中测量值和额定值之间的相对误差来自于哪里? 能否避免相对误差?

(3) 以上实验结论可以用于分析解决哪些问题?

六、实验总结

(1) 本次实验过程中学到了哪些知识点? 掌握了哪些技能点?

(2) 本次实验过程中有哪些不足的地方? 犯了哪些错误?

（3）实验过程中的错误和不足会带来什么后果？如何改进、杜绝实验中的不足及错误？

3.4.8 基本运算放大电路实验评分表

基本运算放大电路实验评分表如表 3-66 所示。

表 3-66 基本运算放大电路实验评分表

序号	主要内容	考核要求	配分	得分	备注
1	实验过程	实验设备准备齐全	5		
		实验流程正确	10		
		仪器、仪表操作安全、规范、正确	10		
		用电安全、规范	10		
2	实验数据	实验数据记录正确、完整	10		
		实验数据分析完整、正确	15		
3	实验报告	版面整洁、清晰	5		
		数据记录真实、准确、条理清晰	10		
		实验报告内容用语专业、规范	5		
4	职业素养	9S 规范	5		
		与同组、同班同学的合作行为	5		
		与实验指导教师的互动、合作行为	5		
		实验态度	5		
5	实验安全	是否存在安全违规行为，实验过程中是否存在及发生人身、设备安全隐患问题	是	否	参考特别说明
得　分					

特别说明：有违反安全规范、实验过程中存在及发生人身、设备安全隐患的行为一律记为 0 分
符合 9S 管理要求：详见 1.6 节

3.5 文氏电桥振荡电路

知识目标

（1）能够通过公式、文字描述文氏电桥振荡电路。

（2）能够科学记录、分析、整理实验数据。

技能目标

（1）能够正确选择实验仪器及元器件材料。

（2）能够根据实验原理进行实验。

（3）能够安全、正确地使用仪器、仪表。

3.5.1 实验目的

（1）了解掌握文氏电桥振荡电路的构成、工作原理、起振条件。

（2）熟悉振荡器参数的调整、测试方法。

（3）观察 RC 参数对振荡器频率的影响，掌握振荡频率的测量和计算方法。

3.5.2 实验准备及流程

实验准备及教学流程如图 3-62 所示。

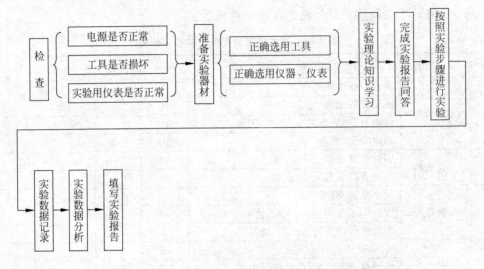

图 3-62　实验准备及教学流程框图

3.5.3 仪表器材设备

所需仪表设备、器材、工具、材料如表 3-67 所示。

表 3-67　器材清单

设备、器材、工具、材料	数量	设备、器材、工具、材料	数量
计算机	1 台	导线	1 套
NI ELVIS Ⅱ＋实验平台	1 台	电路实验套件	1 套
万用表	1 台	模拟电子技术课程实验套件	1 套

3.5.4 实验原理

文氏电桥振荡电路是由 Max. Wien 发明的，是利用 RC 串并联实现的振荡电路，故又称其为 RC 桥式振荡电路。由放大电路、选频网络、正反馈网络、稳幅环节四部分组成。其电路结构如图 3-63 所示。

定义 $\dot{A}$ 为放大器的放大倍数。$\dot{F}$ 为反馈系数，定义 $\dot{F} = \dfrac{U_f}{U_o}$。为了使输出量在合闸后能够有一个从小到大至平衡在一定幅值的过程，电路的起振条件为：$|\dot{A}\dot{F}| > 1$。图 3-63 所

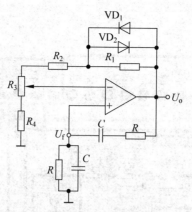

图 3-63 文氏电桥振荡电路原理

示的振荡器由运放构成放大电路,RC 串并联构成选频网络和正反馈网络,电路图上方引入负反馈构成稳幅环节。该振荡器的振荡频率 $f_0 = \dfrac{1}{2\pi RC}$,$\dot{F} = \dfrac{1}{3}$ 故起振条件为 $|\dot{A}| > 3$。

3.5.5 实验任务及步骤

实验板上的电路原理如图 3-64 所示。

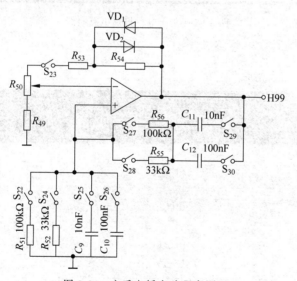

图 3-64 文氏电桥实验程序原理

(1) 断开 NI ELVIS Ⅱ + 右上角的电源开关,使用导线连接该实验模块的电源,H98 的 V_{CC} 接线端和实验板上方的 +15V 连接,连接 H98 的 V_{EE} 接线端和 −15V,连接 H98 接地端和 GND,连接 U_f 和 AI0+,连接 U_o 和 AI1+,如图 3-65 所示。

(2) 闭合开关 S_{23}、S_{22}、S_{25}、S_{27}、S_{29},断开开关 S_{24}、S_{26}、S_{28}、S_{30},此时 $R = 100\text{k}\Omega$,$C = 100\text{nF}$。

(3) 插入程序截图,观察 AI0,如果看不到波形,顺时针方向调节 R_{50},使波形出现,但不失真,记录此时的频率和输出电压有效值,如图 3-66 所示。

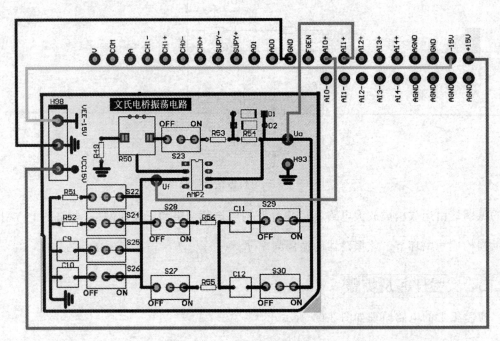

图 3-65　文氏电桥振荡电路接线

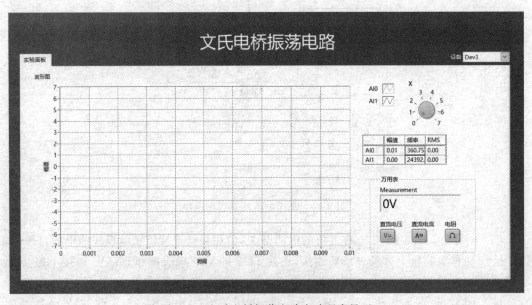

图 3-66　文氏电桥振荡电路实验程序界面

(4) 切换开关,重复步骤(3),完成表 3-68 的填写。

表 3-68　数据记录表

$R/\text{k}\Omega$	C/nF	U_o/V	U_f/V	f_0	
				测量值	理论值
100	100				
100	10				
33	100				
33	10				

通过上面的实验以及所得到的实验数据分析,可以得到结论: _____
_____

3.5.6　实验注意事项

(1) 严格按照 NI ELVIS Ⅱ+实验平台使用要求进行实验,接好电路所有元器件后,应认真检查电路,确认无短路情况,指导教师检查后才可接通电源。

(2) 正确地把测量仪表接入电路:电压表并联、电流表串联接入电路。在测量过程中要注意及时调整仪表量程或换挡。

(3) 在教师的指导下开展实验,在规定时间内完成实验。实验完毕,应对设备进行正常维护,搞好场地卫生,整理好设备。

(4) 请在实验前完成实验报告中第一~三项内容。

3.5.7　实验报告要求

实 验 报 告

实验时间:　　　年　　月　　日　　完成实验用时:

一、基本信息

课程名称:　　　　　　　　实验名称:

专业班级:　　　　　　　　学生姓名:

学　　号:

二、实验准备 1

(1) 请描述文氏电桥振荡电路由几部分组成。

(2) 请用文字和公式描述文氏电桥振荡电路的起振条件。

三、实验准备 2

请根据实验需求填写实验所需器材。

四、实验数据记录

记录实验时的频率和输出电压有效值,完成表 3-69 的填写。

表 3-69　数据记录表

$R/\mathrm{k}\Omega$	C/nF	U_o/V	U_f/V	f_0	
				测量值	理论值
100	100				
100	10				
33	100				
33	10				

五、实验结论分析

(1) 根据以上记录的实验数据能否证实电路的起振条件为 $|\dot{A}\dot{F}|>1$？

(2) 实验中测量值和额定值之间的相对误差来自于哪里？能否避免相对误差？

(3) 以上实验结论可以用于分析解决哪些问题？

六、实验总结

(1) 通过本次实验学到了哪些知识点？掌握了哪些技能点？

(2) 本次实验过程中有哪些不足的地方？犯了哪些错误？

(3) 实验过程中的错误和不足会带来什么后果？如何改进、杜绝实验中的不足及错误？

3.5.8　文氏电桥振荡电路实验评分表

文氏电桥振荡电路实验评分表如表 3-70 所示。

表 3-70　文氏电桥振荡电路实验评分表

序号	主要内容	考 核 要 求	配分	得分	备　　注
1	实验过程	实验设备准备齐全	5		
		实验流程正确	10		
		仪器、仪表操作安全、规范、正确	10		
		用电安全、规范	10		
2	实验数据	实验数据记录正确、完整	10		
		实验数据分析完整、正确	15		
3	实验报告	版面整洁、清晰	5		
		数据记录真实、准确、条理清晰	10		
		实验报告内容用语专业、规范	5		
4	职业素养	9S 规范	5		
		与同组、同班同学的合作行为	5		
		与实验指导教师的互动、合作行为	5		
		实验态度	5		
5	实验安全	是否存在安全违规行为,实验过程中是否存在及发生人身、设备安全隐患问题	是	否	参考特别说明
得　　分					

特别说明:有违反安全规范、实验过程中存在及发生人身、设备安全隐患的行为一律记为 0 分
符合 9S 管理要求:详见 1.6 节

3.6　方波发生器

知识目标
(1) 能够调节方波发生器产生方波的频率。
(2) 能够科学记录、分析、整理实验数据。

技能目标
(1) 能够正确选择实验仪器及元器件材料。
(2) 能够根据实验原理进行实验。
(3) 能够安全、正确地使用仪器仪表。

3.6.1　实验目的

(1) 学会用集成运算放大器组成方波发生器。
(2) 掌握方波发生器电路的调试与测量方法。
(3) 掌握波形发生电路的特点及分析方法。
(4) 熟悉波形发生器设计的方法。

3.6.2 实验准备及流程

实验准备及教学流程如图 3-67 所示。

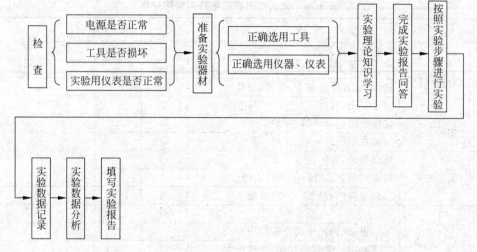

图 3-67　实验准备及教学流程

3.6.3 仪表器材设备

所需仪表设备、器材、工具、材料如表 3-71 所示。

表 3-71　器材清单

设备、器材、工具、材料	数量	设备、器材、工具、材料	数量
计算机	1 台	导线	1 套
NI ELVIS Ⅱ＋实验平台	1 台	电路实验套件	1 套
万用表	1 台	模拟电子技术课程实验套件	1 套

3.6.4 实验原理

1. 原理图分析

方波发生器原理如图 3-68 所示。

（1）由电阻 R_{58} 和滑动变阻器 R_{60} 以及电容 C_{13} 组成的充放电回路是运算放大器的负反馈支路。

（2）电阻 R_{57} 和 R_{59} 组成运算放大器的正反馈支路。

（3）VD_3 与 VD_4 是稳压管，构成限幅器。为了得到稳定的输出电压，方波的幅度完全由稳压管的稳压值决定。

（4）R_{61} 是限流电阻，为防止放大器的输出电流过大而过载，起保护电路的作用。

2. 过程分析

（1）输出电压 u_o 的极性由放大器的 u_+ 和 u_- 比较的结果来决定：当 $u_+ > u_-$ 时，u_o

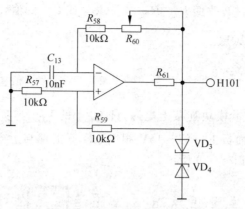

图 3-68 方波发生器原理图

为负;当 $u_- < u_o$ 时,u_o 为正。在接通电源的瞬间,u_o 的正负为偶然值,假设接上电源时,输出电压为正值,$u_o = +U_{OM}$(饱和压降),则同相输入端的电压 u_+ 为

$$u_+ = \frac{R_{57}}{R_{57} + R_{59}} \cdot u_o = +\frac{R_{57}}{R_{57} + R_{59}} \cdot U_{OM}$$

(2) 接着输出电压 u_o 经过电阻 R_{58} 和 R_{60} 向电容 C_{13} 充电,u_C 按照指数规律增长。当 $u_C = u_+$ 时,此时即 $u_+ = u_-$,输出电压准备开始翻转。由于正反馈支路的作用,上述的充电过程可在较短的时间内完成。

(3) 接下来输出电压由 $+U_{OM}$ 跃变为 $-U_{OM}$,并通过正反馈作用使得输出电压电容 C_{13} 开始放电,u_o 保持为 $-U_{OM}$。此时电压 u_+ 变为

$$u_+ = \frac{R_{57}}{R_{57} + R_{59}} \cdot u_o = -\frac{R_{57}}{R_{57} + R_{59}} \cdot U_{OM}$$

(4) 与此同时,电容 C_{13} 通过电阻 R_{58} 和滑动变阻器 R_{60} 开始放电,u_C 开始下降。当 $u_C = u_+$ 时,输出电压再次翻转,使得 $u_o = +U_{OM}$。

3. 相关数据分析

(1) 充电时间 t_1 为

$$t_1 = (R_{58} + R_P)C\ln\left(1 + \frac{2R_{57}}{R_{59}}\right) \quad (R_P \text{ 是滑动变阻器的阻值})$$

(2) 放电时间 t_2,即

$$t_2 = (R_{58} + R_P)C\ln\left(1 + \frac{2R_{57}}{R_{59}}\right) \quad (\text{因为充放电的时间常数相等,故 } t_1 \text{ 和 } t_2 \text{ 相等})$$

(3) 周期 T,即

$$T = t_1 + t_2 = 2(R_{58} + R_P)C\ln\left(1 + \frac{2R_{57}}{R_{59}}\right)$$

(4) 频率 f,即

$$f = \frac{1}{T} = \frac{1}{2(R_{58} + R_P)C\ln\left(1 + \dfrac{2R_{57}}{R_{59}}\right)}$$

由上面的数据分析可知，改变 R_{58}、R_{60}、R_{57}、R_{59} 或 C_{13} 的值，就可以改变方波的频率。

3.6.5 实验任务及步骤

1. 测量基本参数

（1）使用导线为该实验模块连接上电源，H100 上的 V_{CC} 与实验面板上方的 ＋15V 相连，H100 的 V_{EE} 与实验面板上方的 －15V 相连，H100 的地与上方的 GND 相连，U_C 接至 AI0＋，U_O 接至 AI1＋，如图 3-69 所示。

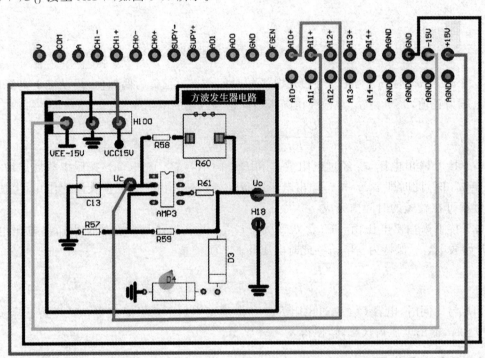

图 3-69　方波发生器接线

（2）将滑动变阻器拨至最大处，为 NI ELVIS Ⅱ＋实验平台上电，运行实验"实验 6 方波发生器"程序，如图 3-70 所示。

（3）调整学习板上滑动变阻器的阻值。

（4）观察稳定后的波形，在图 3-71 中定量绘出输出电压 u_O 和电容上的电压 u_C 的波形。

（5）记录下程序读出方波的周期 T 和峰-峰值 $U_{OP\text{-}P}$ 以及电容 u_C 的峰-峰值 $U_{CP\text{-}P}$，将记录的数据填入表 3-72 中，并根据周期 T 计算出方波的频率，与理论值相比较。

（6）测量滑动变阻器的阻值。

① 把学习板上的电源断开。

② 连接 U_C 与 V、U_O 与 COM。

③ 按下万用表的欧姆按钮。

④ 读取记录下阻值 R_P。

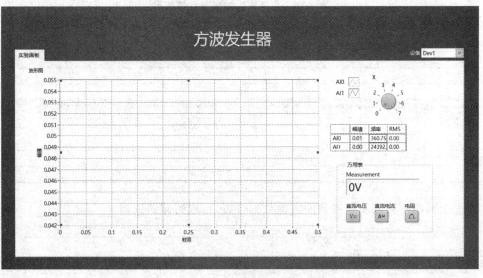

图 3-70　方波发生器实验程序界面

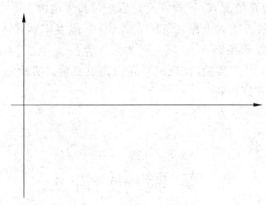

图 3-71　描绘波形

(7) 重复步骤(3)～(5)进行多次试验。

表 3-72　方波发生器电路数据

测　量　值				计算值	理论值
T/ms	$U_{\text{OP-P}}/\text{V}$	$U_{\text{CP-P}}/\text{V}$	R_{P}	f/Hz	f_{o}/Hz

2. 测量频率范围

(1) 按照上面的具体步骤,分别把滑动变阻器拨至最大值与最小值处。

(2) 读取记录下方波的周期 T 及 R_{P}。

(3) 重复 3 次,实验取平均值,完成表 3-73 的填写。

表 3-73　方波发生器频率极值数据

测　量　值		计算值	理论值	平　均　值	
T_1/ms	R_{Pmax}/Ω	f_1/Hz	f_{o1}/Hz	f_1/Hz	f_{o1}/Hz

测　量　值		计算值	理论值	平　均　值	
T_2/ms	R_{Pmin}/Ω	f_2/Hz	f_{o2}/Hz	f_2/Hz	f_{o2}/Hz

通过上面的实验以及所得到的实验数据分析,可以得到结论:＿＿＿＿＿＿＿＿＿＿＿＿

3.6.6　实验注意事项

(1) 严格按照 NI ELVIS Ⅱ＋实验平台使用要求进行实验,接好电路所有元器件后,应认真检查电路,确认无短路情况,指导教师检查后才可接通电源。

(2) 正确地把测量仪表接入电路:电压表并联、电流表串联接入电路。在测量过程中要注意及时调整仪表量程或换挡。

(3) 在教师的指导下开展实验,在规定时间内完成实验。实验完毕,应对设备进行正常维护,搞好场地卫生,整理好设备。

(4) 在实验前完成实验报告中第一～三项内容。

3.6.7　实验报告要求

实 验 报 告

实验时间:　　年　　月　　日　　完成实验用时:

一、基本信息

课程名称:　　　　　　　　实验名称:

专业班级:　　　　　　　　学生姓名:

学　　号:

二、实验准备 1

(1) 请描述方波发生器的运行原理。

(2) 请用文字和公式描述方波发生器生成方波的周期和频率。

三、实验准备 2

请根据实验需求填写实验所需器材。

四、实验数据记录

1. 测量基本参数

使用导线为该实验模块连接上电源，H100 上的 V_{CC} 与实验面板上方的 ＋15V 相连，H100 的 V_{EE} 与实验面板上方的 －15V 相连，H100 的地与上方的 GND 相连，U_c 接至 AI0＋，U_o 接至 AI1＋。将滑动变阻器拨至最大处，为 NI ELVIS Ⅱ＋实验平台上电，运行实验程序，调整学习板上滑动变阻器的阻值。观察稳定后的波形，在图 3-72 定量绘出输出电压 u_o 和电容上的电压 u_C 的波形，完成表 3-74 的填写。

图 3-72　波形图

表 3-74　方波发生器电路数据

测　量　值				计算值	理论值
T/ms	$U_{\text{OP-P}}/\text{V}$	$U_{\text{CP-P}}/\text{V}$	R_P	f/Hz	f_o/Hz

2. 测量频率范围

把滑动变阻器拨至最大值与最小值处，读取并记录方波的周期 T 及 R_P，重复 3 次，实验取平均值，完成表 3-75 的填写。

表 3-75　方波发生器频率极值数据

测　量　值		计算值	理论值	平　均　值	
T_1/ms	R_{Pmax}/Ω	f_1/Hz	f_{o1}/Hz	f_1/Hz	f_{o1}/Hz

续表

测 量 值		计算值	理论值	平 均 值	
T_2/ms	R_{Pmin}/Ω	f_2/Hz	f_{o2}/Hz	f_2/Hz	f_{o2}/Hz

五、实验结论分析

(1) 根据以上记录的实验数据,方波发生器产生方波的频率是否与公式相符?

(2) 实验中测量值和额定值之间的相对误差来自于哪里?能否避免相对误差?

(3) 以上实验结论可以用于分析解决哪些问题?

六、实验总结

(1) 通过本次实验学到了哪些知识点?掌握了哪些技能点?

(2) 本次实验过程中有哪些不足的地方?犯了哪些错误?

(3) 实验过程中的错误和不足会带来什么后果?如何改进、杜绝实验中的不足及错误?

3.6.8 方波发生器实验评分表

方波发生器实验评分表如表 3-76 所示。

表 3-76 方波发生器实验评分表

序号	主要内容	考 核 要 求	配分	得分	备 注
1	实验过程	实验设备准备齐全	5		
		实验流程正确	10		
		仪器、仪表操作安全、规范、正确	10		
		用电安全、规范	10		

续表

序号	主要内容	考 核 要 求	配分	得分	备　注
2	实验数据	实验数据记录正确、完整	10		
		实验数据分析完整、正确	15		
3	实验报告	版面整洁、清晰	5		
		数据记录真实、准确、条理清晰	10		
		实验报告内容用语专业、规范	5		
4	职业素养	9S规范	5		
		与同组、同班同学的合作行为	5		
		与实验指导教师的互动、合作行为	5		
		实验态度	5		
5	实验安全	是否存在安全违规行为,实验过程中是否存在及发生人身、设备安全隐患问题	是	否	参考特别说明
得　分					

特别说明:有违反安全规范、实验过程中存在及发生人身、设备安全隐患的行为一律记为 0 分
符合 9S 管理要求:详见 1.6 节

3.7　方波-三角波转换电路

知识目标

(1) 能够通过公式、文字描述方波-三角波转换电路原理。

(2) 能够科学记录、分析、整理实验数据。

技能目标

(1) 能够正确选择实验仪器及元器件材料。

(2) 能够根据实验步骤进行实验。

(3) 能够安全、正确地使用仪器、仪表。

3.7.1　实验目的

(1) 学会用集成运算放大器组成方波-三角波转换电路。

(2) 理解实现波形转换的原理。

(3) 熟悉波形转换电路的特点及分析方法。

3.7.2　实验准备及流程

实验准备及教学流程如图 3-73 所示。

3.7.3　仪表器材设备

所需仪表设备、器材、工具、材料如表 3-77 所示。

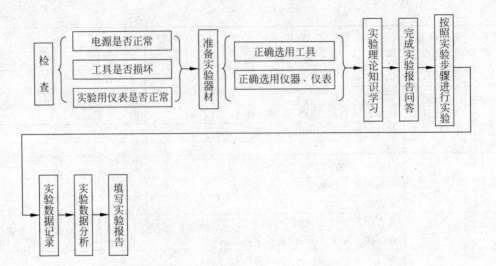

图 3-73　实验准备及教学流程框图

表 3-77　器材清单

设备、器材、工具、材料	数量	设备、器材、工具、材料	数量
计算机	1 台	导线	1 套
NI ELVIS Ⅱ+实验平台	1 台	电路实验套件	1 套
万用表	1 台	模拟电子技术课程实验套件	1 套

3.7.4　实验原理

方波-三角波发生器由方波发生器和积分器组成,关于方波发生器在前面实验已做过介绍,在此只介绍积分器的工作原理。

图 3-74 所示前半部分为方波发生器,产生幅值由稳压管决定的方波。后半部分为积分器,将前面产生的方波转换为三角波。

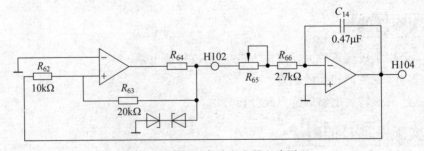

图 3-74　方波-三角波发生器电路原理

1. 过程分析

(1) 根据前面对运算放大器的认识,当 $u_+ > 0$ 时,u_{o1} 为正;当 $u_+ < 0$ 时,u_{o1} 为负。

(2) 积分器在电容充放电的作用下,最终转化为三角波。当 u_{o1} 为正时,电容 C_{14} 放电；当 u_{o1} 为负时,电容 C_{14} 充电。

2. 相关数据分析

(1)充电时间 t_1 为

$$u_{o2}' = -u_{o2} - \frac{1}{(R_{66}+R_{65})C_{14}} \int_{t_0}^{t_{11}\frac{T}{2}} (-U_z)\mathrm{d}t$$

或

$$2u_{o2} = \frac{1}{(R_{66}+R_{65})C_{14}} U_z \frac{T}{2}$$

注意到

$$u_{o2} = \frac{R_{62}'}{R_{63}} U_z$$

故

$$t_1 = \frac{4(R_{66}+R_{65})C_{14}R_{62}}{R_{63}}$$

(2)放电时间 t_2,即

$$t_2 = t_1 = \frac{4(R_{66}+R_{65})C_{14}R_{62}}{R_{63}} (因为充放电的时间常数相等,故 t_1 和 t_2 相等)$$

(3)周期 T,即

$$T = t_1 + t_2 = \frac{8(R_{66}+R_{65})C_{14}R_{62}}{R_{63}}$$

(4)频率 f,即

$$f = \frac{1}{T} = \frac{R_{63}}{8(R_{66}+R_{65})C_{14}R_{62}}$$

3.7.5 实验任务及步骤

(1)使用导线为该实验模块连接上电源,H103 上的 V_{CC} 与实验面板上方的 +15V 相连,H103 的 V_{EE} 与实验面板上方的 −15V 相连,H103 的地与上方的 GND 相连,U_{o1} 接至 AI0+,U_{o2} 接至 AI1+,如图 3-75 所示。

(2)将滑动变阻器拨至最大处,为 NI ELVIS Ⅱ+实验平台上电,运行"实验 7 方波-三角波抓换电路"程序,如图 3-76 所示。

(3)调整学习板上滑动变阻器的阻值。

(4)观察稳定后的波形,在图 3-77 中定量绘出三角波的输出电压 u_{o2} 和方波的输出电压 u_{o1} 的波形。

(5)记录下程序读出的三角波(或方波)的周期 T 和方波发生器输出电压 u_{o1} 峰-峰值 U_{OP-P1},以及三角波的输出电压 u_{o2} 的峰-峰值 U_{OP-P2},将记录的数据填入表 3-78 中,并根据周期 T 计算出三角波(或方波)的频率,与理论值相比较。

(6)重复步骤(3)~(5),进行多次试验。

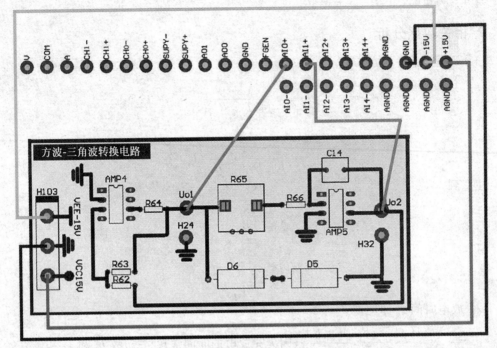

图 3-75　方波-三角波转换电路接线

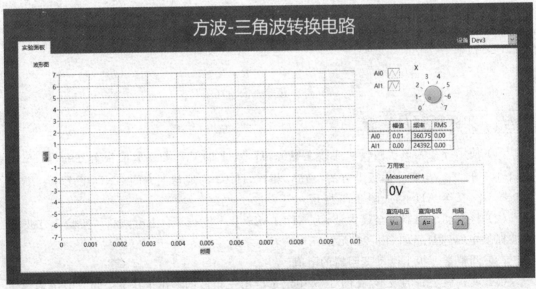

图 3-76　方波-三角波转换电路实验程序界面

表 3-78　方波-三角波发生器电路数据

测　量　值			计算值	理论值
T/ms	$U_{\mathrm{OP\text{-}P1}}/\mathrm{V}$	$U_{\mathrm{OP\text{-}P2}}/\mathrm{V}$	f/Hz	$f_{\mathrm{o}}/\mathrm{Hz}$

图 3-77 描绘波形

通过上面的实验以及所得到的实验数据分析,可以得到结论:＿＿＿＿＿＿＿＿＿＿＿＿＿

3.7.6 实验注意事项

(1) 严格按照 NI ELVIS Ⅱ＋实验平台使用要求进行实验,接好电路所有元器件后,应认真检查电路,确认无短路情况,指导教师检查后才可接通电源。

(2) 正确地把测量仪表接入电路:电压表并联、电流表串联接入电路。在测量过程中要注意及时调整仪表量程或换挡。

(3) 在教师的指导下开展实验,在规定时间内完成实验。实验完毕,应对设备进行正常维护,搞好场地卫生,整理好设备。

(4) 在实验前完成实验报告中第一～三项内容。

3.7.7 实验报告要求

实 验 报 告

实验时间:　　　年　　　月　　　日　　　完成实验用时

一、基本信息

课程名称:　　　　　　　　　实验名称:

专业班级:　　　　　　　　　学生姓名:

学　　号:

二、实验准备 1(请在实验前完成)

(1) 请描述方波-三角波发生器由什么组成。

(2) 请描述方波-三角波发生器的运行原理。

三、实验准备 2

请根据实验需求填写实验所需器材。

四、实验数据记录

观察稳定后的波形,在图 3-78 中定量绘出三角波的输出电压 u_{o2} 和方波的输出电压 u_{o1} 的波形。

图 3-78　描绘波形

记录下程序读出的三角波(或方波)的周期 T 和方波发生器输出电压 u_{o1} 峰-峰值 U_{OP-P1},以及三角波的输出电压 u_{o2} 的峰-峰值 U_{OP-P2},将记录的数据填入表 3-79 中,并根据周期 T 计算出三角波(或方波)的频率,与理论值相比较。

表 3-79　方波-三角波发生器电路数据

测 量 值			计算值	理论值
T/ms	U_{OP-P1}/V	U_{CP-P2}/V	f/Hz	f_o/Hz

五、实验结论分析

(1) 根据以上记录的实验数据是否验证了方波-三角波发生器频率计算公式的正确性?

(2) 实验中测量值和额定值之间的相对误差来自于哪里? 能否避免相对误差?

(3) 以上实验结论可以用于分析和解决哪些问题?

六、实验总结

(1) 通过本次实验学到了哪些知识点？掌握了哪些技能点？

(2) 本次实验过程中有哪些不足的地方？犯了哪些错误？

(3) 实验过程中的错误和不足会带来什么后果？如何改进、杜绝实验中的不足及错误？

3.7.8　方波-三角波转换电路实验评分表

方波-三角波转换电路实验评分表，如表 3-80 所示。

表 3-80　方波-三角波转换电路实验评分表

序号	主要内容	考核要求	配分	得分	备　　注
1	实验过程	实验设备准备齐全	5		
		实验流程正确	10		
		仪器、仪表操作安全、规范、正确	10		
		用电安全、规范	10		
2	实验数据	实验数据记录正确、完整	10		
		实验数据分析完整、正确	15		
3	实验报告	版面整洁、清晰	5		
		数据记录真实、准确、条理清晰	10		
		实验报告内容用语专业、规范	5		
4	职业素养	9S 规范	5		
		与同组、同班同学的合作行为	5		
		与实验指导教师的互动、合作行为	5		
		实验态度	5		
5	实验安全	是否存在安全违规行为，实验过程中是否存在及发生人身、设备安全隐患问题	是	否	参考特别说明
得　　分					

特别说明：有违反安全规范、实验过程中存在及发生人身、设备安全隐患的行为一律记为 0 分

符合 9S 管理要求：详见 1.6 节

数字电子技术实验

4.1 TTL 与非门参数测试

知识目标

(1) 能够描述 TTL 电路和与非门的功能。

(2) 能够科学记录、分析、整理实验数据。

技能目标

(1) 能够正确选择实验仪器及元器件材料。

(2) 能够根据实验步骤进行实验。

(3) 能够安全、正确地使用仪器、仪表,并用实验进行数据验证。

4.1.1 实验目的

(1) 了解 TTL 与非门逻辑功能的测试方法,以及与非门电压传输特性的测试方法。

(2) 了解 74 系列 TTL 电路 74LS00 的引脚分布。

(3) 熟悉与非门的逻辑功能以及熟悉数字电路的使用。

4.1.2 实验流程

实验准备及教学流程如图 4-1 所示。

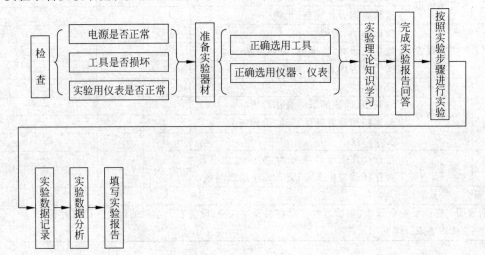

图 4-1 实验准备及教学流程框图

4.1.3　仪表器材设备

所需仪表设备、器材、工具、材料如表 4-1 所示。

表 4-1　器材清单

设备、器材、工具、材料	数量	设备、器材、工具、材料	数量
计算机	1 台	导线	1 套
NI ELVIS Ⅱ ＋实验平台	1 台	电路实验套件	1 套
万用表	1 台	数字电子技术课程实验套件	1 套

4.1.4　实验原理

1. 与非门

(1) 逻辑功能：输入全 1 时输出为 0；输入有 0 时输出为 1。

(2) 逻辑函数式：$Y=\overline{AB}$。

(3) 图形表示如图 4-2 所示。

图 4-2　与非门

2. TTL 电路

TTL(Transistor-Transistor Logic，晶体管-晶体管逻辑电路)是数字集成电路的一大门类。它采用双极型工艺制造，具有高速度、低功耗和品种多等特点。TTL 大部分采用 5V 电源。

具体参数：(1) 输出高电平 $U_{OH}\geqslant2.4V$ 和 输出低电平 $U_{OL}\leqslant0.4V$。

(2) 输入高电平 $U_{IH}\geqslant2.0V$ 和 输入低电平 $U_{IL}\leqslant0.8V$。

3. 74LS00 电路

(1) 构成：由 4 个与非门组成。

(2) 引脚读法：当标识文字面向观察者，定位缺口朝上时，按逆时针方向读，引脚依次为 1、2、3、4、5…。

(3) 引脚图及内部组成如图 4-3 所示。

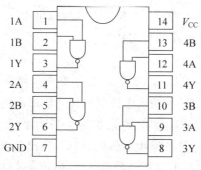

图 4-3　74LS00 电路引脚图及内部组成

4. ELVIS 数电实验板 TTL 与非门电路原理图

ELVIS 数电实验板 TTL 与非门电路原理如图 4-4 所示。

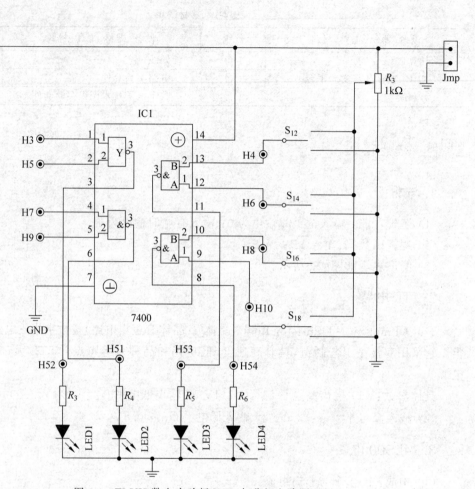

图 4-4　ELVIS 数电实验板 TTL 与非门电路原理

5. 与非门的电压传输特性检测

（1）与非门的电压传输特性曲线，是指与非门的输出电压与输入电压之间的对应关系曲线，即 $U = f(U_i)$，它反映了电路的静态特性。

（2）一般电路指标。

① 输出高电平电压 U_{OH}：U_{OH} 的理论值为 3.6V，产品规定输出高电压的最小值 $U_{OH}(\min) = 2.4V$，即大于 2.4V 的输出电压就可称为输出高电压 U_{OH}。

② 输出低电平电压 U_{OL}：U_{OL} 的理论值为 0.3V，产品规定输出低电压的最大值 $U_{OL}(\max) = 0.4V$，即小于 0.4V 的输出电压就可称为输出低电压 U_{OL}。

③ 关门电平电压 U_{OFF}：输出电压下降到 $U_{OH}(\min)$ 时对应的输入电压。显然，只要 $U_i < U_{OFF}$，U_o 就是高电压，所以 U_{OFF} 就是输入低电压的最大值，在产品手册中常称为输入

低电平电压,用 $U_{IL}(\max)$ 表示。从电压传输特性曲线上看 $U_{IL}(\max)(U_{OFF})\approx 1.3V$,产品规定 $U_{IL}(\max)=0.8V$。

④ 开门电平电压 U_{ON}:输出电压下降到 $U_{OL}(\max)$ 时对应的输入电压。显然,只要 $U_i>U_{ON}$,U_o 就是低电压,所以 U_{ON} 就是输入高电压的最小值,在产品手册中常称为输入高电平电压,用 $U_{IH}(\min)$ 表示。从电压传输特性曲线上看 $U_{IH}(\min)(U_{ON})$ 略大于 1.3V,产品规定 $U_{IH}(\min)=2V$。

⑤ 阈值电压 U_{th}:决定电路截止和导通的分界线,也是决定输出高、低电压的分界线。从电压传输特性曲线上看,U_{th} 的值介于 U_{OFF} 与 U_{ON} 之间,而 U_{OFF} 与 U_{VON} 的实际值又差别不大,所以,近似为 $U_{th}\approx U_{OFF}\approx U_{ON}$。$U_{th}$ 是一个很重要的参数,在近似分析和估算时,常把它作为决定与非门工作状态的关键值,即 $U_i<U_{th}$,与非门开门,输出低电平;$U_i>U_{th}$,与非门关门,输出高电平。U_{th} 又常被形象化地称为门槛电压。U_{th} 的值为 1.3~1.4V。

传输特性曲线示意图如图 4-5 所示。

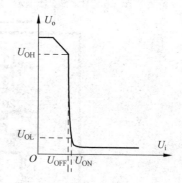

图 4-5 传输特性曲线

4.1.5 实验任务及步骤

1. TTL 与非门的逻辑功能的测试

(1) 先确保实验板的开关为关闭状态,确定无误后,连接实验板上 TTL 与非门电路部分上的相应采集点到实验板上方 ELVIS 实验平台的数字量采集引脚。过程如下:H1 的 V_{CC} 连至实验板上方的 +5V,GND 连至 GND(用来打开 TTL 与非门电路电源);将 H4、H6、H8、H10、L_3、L_4,依次连接至实验板上方的 DIO1、DIO3、DIO5、DIO7、DIO9、DIO11,如图 4-6 所示。

(2) 为 ELVIS 实验平台上电,在计算机中打开"ELVIS 数电实验程序"文件下的"ELVIS 数字电路实验板.lvproj"项目浏览器,打开"启动界面",选择"实验 1TTL 与非门"并运行,如图 4-7 所示。

(3) 拨动 S_{12}、S_{14}、S_{16}、S_{18} 这 4 个开关,可以观察到该电路模块下方的两个 LED 灯 L_3、L_4 的亮灭情况,该亮灭情况同时也会表现在程序的前面板上,并根据情况完成真值表(表 4-2)的填写。

表 4-2 真值表

3A(S_{18})	3B(S_{16})	3Y(L_3)	4A(S_{14})	4B(S_{12})	4Y(L_4)
0	0		0	0	
0	1		0	1	
1	0		1	0	
1	1		1	1	

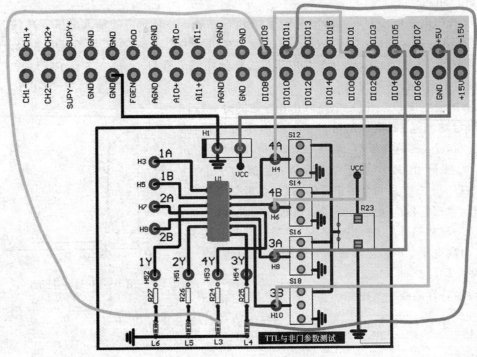

图 4-6　TTL 与非门参数测试接线

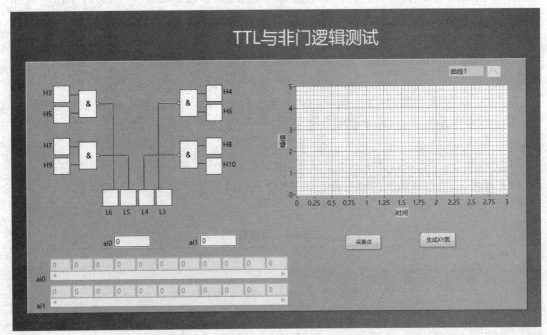

图 4-7　TTL 与非门逻辑测试实验程序界面

2. 与非门的电压传输特性检测

（1）说明。因为 74LS00 有 4 个与非门，而与非门电压传输特性的方法一样，故在这里只挑选一个与非门"3A，3B，3Y"来进行测试。

（2）实验步骤如下。

① 先注意实验板电源处于关闭状态，确保无误后才可进行连线操作。

② 将 H1 的 V_{CC} 连至实验板上方的 +5V，GND 连至 GND（用来打开 TTL 与非门电路）。

③ 将 H8 连接至 AI0+，H54 连接至 AI1+。

④ 将 S_{16} 和 S_{18} 两个开关拨至 V_{CC} 端。

⑤ 运行程序，会观察到 AI0 和 AI1 采集到的电压，缓缓转动 R_{23}，单击"采集点"按钮，尽可能多的采集 AI1 电平突变前后的电压点，当采集到的 AI0 和 AI1 电压点足够多时，单击"生成 XY 图"按钮即可得到相应的电压传输特性曲线。

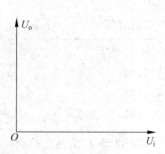

图 4-8　电压特性曲线

（3）将得到的 X-Y 图画到图 4-8 中。

3. 拓展

TTL 与非门电压传输特性还可通过另一种方式来测试，在实验板左侧的两个与非门中，开放了 1A、1B、2A、2B 这 4 个接口，同学们可依据以下电路图 4-9 搭建电路，比如将 H3 连接至实验板的 +5V，H5 则相当于下列图 4-9 的 B 点；此时往 A 点输入一个正弦波，则 B 点的波形如图 4-10 所示。

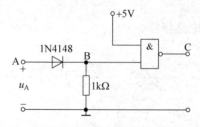

图 4-9　TTL 与非门电压传输特性测试原理

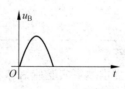

图 4-10　B 点的波形

此时可以将 B 点和 C 点连接至示波器的两端，选择 X-Y 图，即可得到 TTL 与非门的传输特性曲线。

通过上面的实验以及所得到的实验数据分析，可以得到结论：

4.1.6　实验注意事项

（1）严格按照 NI ELVIS Ⅱ+实验平台使用要求进行实验，接好电路所有元器件后，应认真检查电路，确认无短路情况，指导教师检查后才可接通电源。

（2）正确地把测量仪表接入电路：电压表并联、电流表串联接入电路。在测量过程中要注意及时调整仪表量程或换挡。

（3）在教师的指导下开展实验，在规定时间内完成实验。实验完毕，应对设备进行正常维护，搞好场地卫生，整理好设备。

（4）在实验前完成实验报告中第一~三项内容。

4.1.7 实验报告要求

实 验 报 告

实验时间：　　年　　月　　日　　　　完成实验用时：

一、基本信息

课程名称：　　　　　　　　实验名称：

专业班级：　　　　　　　　学生姓名：

学　　号：

二、实验准备 1（请在实验前完成）

（1）请用文字和公式描述与非门。

（2）请用文字和具体参数描述 TTL 电路。

（3）请用文字和公式描述与非门的电压传输特性。

（4）简单描述与非门的电压传输特性的一般电路指标。

三、实验准备 2

请根据实验需求填写实验所需器材。

四、实验数据记录

（1）拨动 S_{12}、S_{14}、S_{16}、S_{18} 这 4 个开关观察电路模块下方的两个 LED 灯 L_3、L_4 的亮灭情况，记录 TTL 与非门真值，填写在表 4-3 中。

表 4-3　TTL 与非门真值表

$3A(S_{18})$	$3B(S_{16})$	$3Y(L_3)$	$4A(S_{14})$	$4B(S_{12})$	$4Y(L_4)$
0	0		0	0	
0	1		0	1	
1	0		1	0	
1	1		1	1	

（2）将 S_{16} 和 S_{18} 两个开关拨至 V_{CC} 端，缓缓转动 R_{23}，单击"采集点"按钮，尽可能多地采集 AI0 和 AI1 电压点，将电压点值填入表 4-4 中。

表 4-4　电压传输特性数据表

U_o											
U_i											

（3）单击"生成 X-Y 图"按钮即可得到相应的电压传输特性曲线，将得到的 X-Y 图画到图 4-11 中。

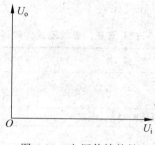

图 4-11　电压传输特性

五、实验结论分析

（1）以上记录的实验数据是否验证了与非门电压传输特性的正确性？

（2）TTL 电路多余的输入端应如何处理？为什么？

（3）以上实验结论可以用于分析解决哪些问题？

六、实验总结

（1）通过本次实验学到了哪些知识点？掌握了哪些技能点？

（2）本次实验过程中有哪些不足的地方？犯了哪些错误？

（3）实验过程中的错误和不足会带来什么后果？如何改进、杜绝实验中的不足及错误？

4.1.8　TTL 与非门参数测试实验评分表

TTL 与非门参数测试实验评分表如表 4-5 所示。

表 4-5　TTL 与非门参数测试实验评分表

序号	主要内容	考 核 要 求	配分	得分	备　　注
1	实验过程	实验设备准备齐全	5		
		实验流程正确	10		
		仪器、仪表操作安全、规范、正确	10		
		用电安全、规范	10		
2	实验数据	实验数据记录正确、完整	10		
		实验数据分析完整、正确	15		
3	实验报告	版面整洁、清晰	5		
		数据记录真实、准确、条理清晰	10		
		实验报告内容用语专业、规范	5		
4	职业素养	9S 规范	5		
		与同组、同班同学的合作行为	5		
		与实验指导教师的互动、合作行为	5		
		实验态度	5		
5	实验安全	是否存在安全违规行为，实验过程中是否存在及发生人身、设备安全隐患问题	是	否	参考特别说明
得　　分					

特别说明：有违反安全规范、实验过程中存在及发生人身、设备安全隐患的行为一律记为 0 分

符合 9S 管理要求：详见 1.6 节

4.2　组合逻辑电路

知识目标

（1）能够通过逻辑图描述组合逻辑电路的功能。

（2）能够科学记录、分析、整理实验数据。

技能目标

（1）能够正确选择实验仪器及元器件材料。

（2）能够根据实验步骤进行实验。

（3）能够安全、正确地使用仪器、仪表，用实验进行数据验证。

4.2.1　实验目的

（1）学习组合逻辑电路的分析方法并熟练运用。

（2）了解组合逻辑电路的构思，学会拼搭组合逻辑电路。

4.2.2　实验流程

实验准备及教学流程如图 4-12 所示。

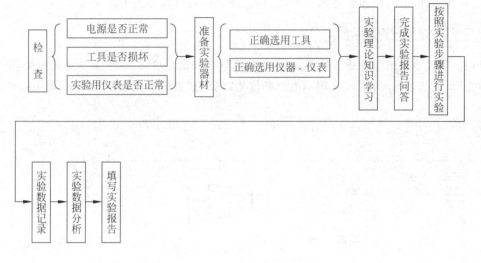

图 4-12　实验准备及教学流程框图

4.2.3　仪表器材设备

所需仪表设备、器材、工具、材料如表 4-6 所示。

表 4-6　器材清单

设备、器材、工具、材料	数量	设备、器材、工具、材料	数量
计算机	1 台	导线	1 套
NI ELVIS Ⅱ＋实验平台	1 台	电路实验套件	1 套
万用表	1 台	数字电子技术课程实验套件	1 套

4.2.4　实验原理

注意：在 4.1 节的实验中已经详细介绍了 74LS00 芯片，在本次实验中同样采用的是 74LS00 芯片构成的组合逻辑电路，对 74LS00 芯片不了解可查阅 4.1 节的实验。

1. 组合逻辑电路

组合逻辑电路是指在任何时刻，输出状态只决定于同一时刻各输入状态的组合，而与电路以前的状态无关。它是由各种常见的门电路组合而成。对于一个组合电路而言，它的输入和输出之间没有反馈延迟通道，电路中也无记忆单元。

2. 分析组合逻辑电路的一般步骤

（1）根据逻辑图写出输入输出关系式,化为最简逻辑表达式,列出真值表,分析逻辑功能。

（2）要依据已有的逻辑图,结合各个门电路写出输入输出关系式,这样得出的关系式会有些复杂。

（3）将得出的关系式化为最简,化简方法常用的有卡诺图化简法。

（4）依据得出的最简表达式写出真值表,并依据真值表分析电路功能。

4.2.5 实验任务及步骤

（1）本实验板的组合逻辑电路图如图 4-13 所示,H13、H18、H22 为该逻辑电路的输入,两盏 LED 灯 L_7、L_8 分别代表逻辑电路的输出,请根据逻辑电路图 4-13 补充表 4-7。

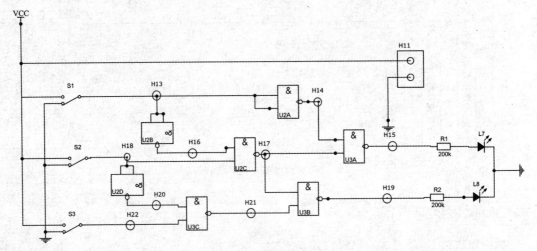

图 4-13　逻辑电路图

表 4-7　真值表

S_1	S_2	S_3	L_7	L_8
0	0	0		
0	0	1		
0	1	0		
0	1	1		
1	0	0		
1	0	1		
1	1	0		
1	1	1		

（2）写出最简逻辑表达式。$L_7 = $ _____ ,$L_8 = $ _____ 。

（3）验证该电路的逻辑功能。

① 先注意实验板电源处于关闭状态,确保无误后才可进行连线操作。

② 将 H11 上的 V_{CC} 与 +5V 相连接，GND 与 GND 相连接。依次将 H13、H14、H15…
H22 引脚用导线连接至 ELVIS 实验板上方的 DIO0、DIO1、DIO2…DIO9 接口。接线示意
如图 4-14 所示。

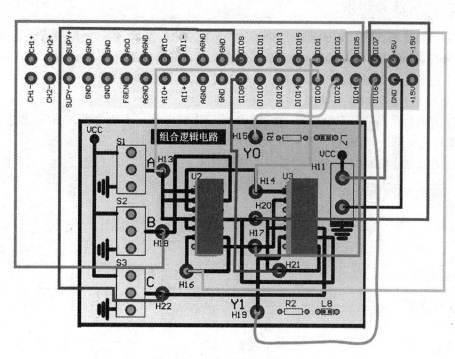

图 4-14 组合逻辑电路接线图

③ 运行"实验 2 组合逻辑电路"程序，如图 4-15 所示。控制 S_1、S_2、S_3，并将观察到各个
引脚的与自己所填的真值表进行比较，判断对错。

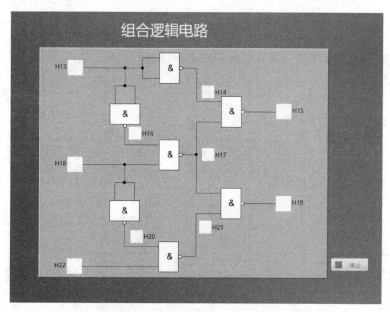

图 4-15 组合逻辑电路实验程序界面

通过上面的实验以及所得到的实验数据分析,可以得到结论:_____

4.2.6 实验注意事项

(1)严格按照 NI ELVIS Ⅱ+实验平台使用要求进行实验,接好电路所有元器件后,应认真检查电路,确认无短路情况,指导教师检查后才可接通电源。

(2)正确地把测量仪表接入电路:电压表并联、电流表串联接入电路。在测量过程中要注意及时调整仪表量程或换挡。

(3)在教师的指导下开展实验,在规定时间内完成实验。实验完毕,应对设备进行正常维护,搞好场地卫生,整理好设备。

(4)在实验前完成实验报告中第一~三项内容。

4.2.7 实验报告要求

实 验 报 告

实验时间: 年   月   日   完成实验用时:

一、基本信息
课程名称: 实验名称: 专业班级: 学生姓名: 学   号:
二、实验准备 1(请在实验前完成) (1)请用文字描述组合逻辑电路。   (2)请用文字描述组合逻辑电路在逻辑功能上的特点。   (3)组合逻辑电路与时序逻辑电路的主要区别是什么?   (4)组合逻辑电路包括哪些电路?
三、实验准备 2 请根据实验需求填写实验所需器材。

四、实验数据记录

(1) 写出最简逻辑表达式。$L_7 = $ _____ , $L_8 = $ _____。

(2) 根据实验任务及步骤中的 74LS00 组合逻辑电路图补充表 4-8。

表 4-8 真值表

S_1	S_2	S_3	L_7	L_8
0	0	0		
0	0	1		
0	1	0		
0	1	1		
1	0	0		
1	0	1		
1	1	0		
1	1	1		

五、实验结论分析

(1) 以上记录的实验数据是否验证了组合逻辑电路的正确性?

(2) 根据实验中表 4-7 所示逻辑电路真值表,画出卡诺图以及卡诺图逻辑表达式。

(3) 以上实验结论可以用于分析解决哪些问题?

六、实验总结

(1) 通过本次实验学到了哪些知识点? 掌握了哪些技能点?

(2) 本次实验过程中有哪些不足的地方? 犯了哪些错误?

(3) 实验过程中的错误和不足会带来什么后果? 如何改进、杜绝实验中的不足及错误?

4.2.8 组合逻辑电路实验评分表

组合逻辑电路实验评分表如表 4-9 所示。

表 4-9　组合逻辑电路实验评分表

序号	主要内容	考核要求	配分	得分	备　注
1	实验过程	实验设备准备齐全	5		
		实验流程正确	10		
		仪器、仪表操作安全、规范、正确	10		
		用电安全、规范	10		
2	实验数据	实验数据记录正确、完整	10		
		实验数据分析完整、正确	15		
3	实验报告	版面整洁、清晰	5		
		数据记录真实、准确、条理清晰	10		
		实验报告内容用语专业、规范	5		
4	职业素养	9S 规范	5		
		与同组、同班同学的合作行为	5		
		与实验指导教师的互动、合作行为	5		
		实验态度	5		
5	实验安全	是否存在安全违规行为,实验过程中是否存在及发生人身、设备安全隐患问题	是	否	参考特别说明
得　分					

特别说明:有违反安全规范、实验过程中存在及发生人身、设备安全隐患的行为一律记为 0 分

符合 9S 管理要求:详见 1.6 节

4.3　半　加　器

知识目标

(1) 能够解释半加器逻辑关系。

(2) 能够科学记录、分析、整理实验数据。

技能目标

(1) 能够正确选择实验仪器及元器件。

(2) 能够根据实验步骤进行实验。

(3) 能够安全、正确地使用仪器、仪表,用实验进行数据验证。

4.3.1 实验目的

(1) 认识与了解并掌握半加器的原理及应用。

(2) 认识与了解 74LS00 与 74LS86 的原理及使用。

(3) 验证半加器的原理。

4.3.2　实验流程

实验准备及教学流程如图 4-16 所示。

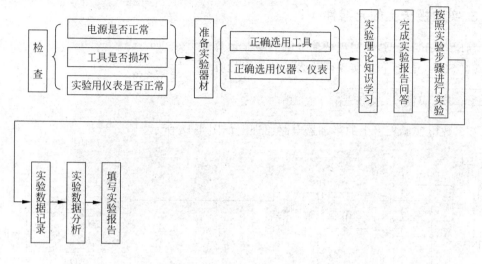

图 4-16　实验准备及教学流程框图

4.3.3　仪表器材设备

所需仪表设备、器材、工具、材料如表 4-10 所示。

表 4-10　器材清单

设备、器材、工具、材料	数量	设备、器材、工具、材料	数量
计算机	1 台	导线	1 套
NI ELVIS Ⅱ＋实验平台	1 台	电路实验套件	1 套
万用表	1 台	数字电子技术课程实验套件	1 套

4.3.4　实验原理

1. 半加器

半加器是能实现两个一位二进制数的加法运算的加法器,且其没有进位输入,输出为一位结果位和进位。半加器逻辑图如图 4-17 所示。真值表如表 4-11 所示。

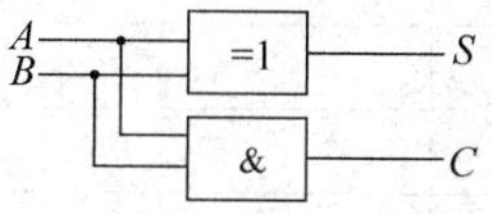

表 4-11　半加器真值表

加数 A	加数 B	结果位 S	进位 C
0	0	0	0
0	1	1	0
1	0	1	0
1	1	0	1

图 4-17　半加器逻辑图

2. 半加器基本参数

半加器基本参数：加数 A、加数 B、结果位 S、进位 C。

3. 实验板卡上的元器件

74LS00：与非门，能实现两输入端的与非运算。

74LS86：异或门，能实现两输入端的异或运算。

4.3.5 实验任务及步骤

（1）数电实验板卡上的半加器电路原理图如图 4-18 所示。

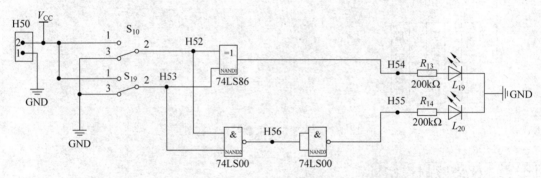

图 4-18 半加器电路原理

开关 S_{10}、S_{19} 的 1 端为高电平，3 端为低电平；74LS86 为异或门，74LS00 为与非门；L_{19}、L_{20} 为发光二极管，右端已经接地，为低电平，当其左端为高电平时发亮。

（2）实验步骤如下。

① 合理摆放好 NI ELVIS II＋实验平台和计算机。

② 使用导线连接该实验板卡的电源，H50 的 V_{CC} 与实验板上方的＋5V 相连，H50 的接地端与实验板上方的 GND 相连。

③ 分别使用导线将 H52、H53、H54、H55 与实验板上方的 DIO0、DIO1、DIO2、DIO3 相连接，如图 4-19 所示。然后为 NI ELVIS II＋实验平台上电，运行实验"实验 3 半加器"程序。半加器程序界面如图 4-20 所示。

④ 改变开关，使两输入端分别输出不同的值，观察实验现象，记录实验数据，完成表 4-12 的填写。

表 4-12 半加器实验数据记录表

加数 A	加数 B	结果位 S	进位 C
0	0		
0	1		
1	0		
1	1		

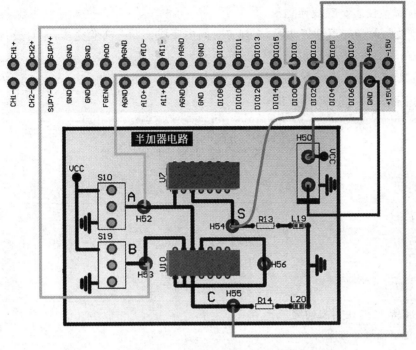

图 4-19　半加器电路接线

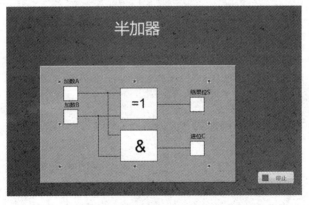

图 4-20　半加器实验程序界面

(3) 实验分析如下。

完成以上实验,记录数据,根据表 4-12 中的数据总结半加器逻辑关系。

$$S = \underline{\hspace{4cm}} \qquad C = \underline{\hspace{4cm}}$$

通过上面的实验以及所得到的实验数据分析,可以得到结论:_____

4.3.6　实验注意事项

(1) 严格按照 NI ELVIS Ⅱ＋实验平台使用要求进行实验,接好电路所有元器件后,应认真检查电路,确认无短路情况,指导教师检查后才可接通电源。

(2) 正确地把测量仪表接入电路:电压表并联、电流表串联接入电路。在测量过程中要注意及时调整仪表量程或换挡。

（3）在教师的指导下开展实验，在规定时间内完成实验。实验完毕，应对设备进行正常维护，搞好场地卫生，整理好设备。

（4）在实验前完成实验报告中第一～三项内容。

4.3.7 实验报告要求

实 验 报 告

实验时间： 年 月 日 完成实验用时：

一、基本信息

课程名称： 实验名称：

专业班级： 学生姓名：

学 号：

二、实验准备 1（请在实验前完成）

（1）请用文字描述半加器。

（2）半加器与全加器的主要区别是什么？

（3）请简述 74LS00、74LS86 的原理。

（4）请用文字描述叠加原理。

三、实验准备 2

请根据实验需求填写实验所需器材。

四、实验数据记录

(1) 改变开关,使两输入端分别输出不同的值,观察实验现象,记录实验数据,完成表 4-13 的填写。

表 4-13 半加器实验数据记录表

加数 A	加数 B	结果位 S	进位 C
0	0		
0	1		
1	0		
1	1		

(2) 完成以上实验,记录数据,根据表格数据总结半加器逻辑关系。

$S = $ _____ $C = $ _____

五、实验结论分析

(1) 以上记录的实验数据是否验证了半加器逻辑的正确性?

(2) 实验中测量值和额定值之间的相对误差是怎样产生的?能否避免相对误差?

(3) 以上实验结论可以用于分析解决哪些问题?

六、实验总结

(1) 通过本次实验学到了哪些知识点?掌握了哪些技能点?

(2) 本次实验过程中有哪些不足的地方?犯了哪些错误?

(3) 实验过程中的错误和不足会带来什么后果?如何改进、杜绝实验中的不足及错误?

4.3.8 半加器实验评分表

半加器实验评分表,如表 4-14 所示。

表 4-14 半加器实验评分表

序号	主要内容	考 核 要 求	配分	得分	备　　注
1	实验过程	实验设备准备齐全	5		
		实验流程正确	10		
		仪器、仪表操作安全、规范、正确	10		
		用电安全、规范	10		
2	实验数据	实验数据记录正确、完整	10		
		实验数据分析完整、正确	15		
3	实验报告	版面整洁、清晰	5		
		数据记录真实、准确、条理清晰	10		
		实验报告内容用语专业、规范	5		
4	职业素养	9S 规范	5		
		与同组、同班同学的合作行为	5		
		与实验指导教师的互动、合作行为	5		
		实验态度	5		
5	实验安全	是否存在安全违规行为,实验过程中是否存在及发生人身、设备安全隐患问题	是	否	参考特别说明
得　　分					

特别说明:有违反安全规范、实验过程中存在及发生人身、设备安全隐患的行为一律记为 0 分
符合 9S 管理要求:详见 1.6 节

4.4　基本 RS 触发器

知识目标

(1) 能够通过逻辑方程、文字描述 RS 触发器。

(2) 能用实验证明结论。

(3) 能够按要求撰写实验报告。

技能目标

(1) 能够正确选择实验仪器及元件材料。

(2) 能够根据实验步骤进行实验。

(3) 能够安全、正确地使用仪器、仪表,用实验进行数据验证。

4.4.1 实验目的

(1) 熟悉并掌握 RS 触发器的特点及逻辑功能。

(2) 了解基本时序逻辑电路的概念。

4.4.2　实验准备及流程

实验准备及教学流程如图 4-21 所示。

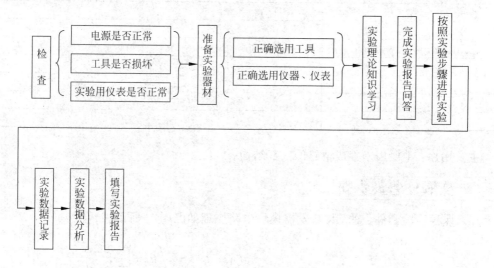

图 4-21　实验准备及教学流程

4.4.3　仪表器材设备

所需仪表设备、器材、工具、材料如表 4-15 所示。

表 4-15　器材清单

设备、器材、工具、材料	数量	设备、器材、工具、材料	数量
计算机	1 台	导线	1 套
NI ELVIS Ⅱ＋实验平台	1 台	电路实验套件	1 套
万用表	1 台	数字电子技术课程实验套件	1 套

4.4.4　实验原理

1. 触发器

触发器具有两个稳定状态,即 0 和 1,在一定的外界信号作用下,可以从一个稳定状态翻转到另一个稳定状态,是构成多种时序电路的最基本逻辑单元。

2. RS 触发器

RS 触发器由两个与非门的输入、输出交叉连接构成。逻辑电路如图 4-22 所示。

逻辑方程:$Q^{n+1}=\bar{S}+RQ^{n}$。

请根据逻辑方程完成特性表(表 4-16)的填写。

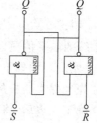

图 4-22　RS 触发器逻辑电路

表 4-16   特性表

$\overline{S}$	R	Q^n	Q^{n+1}
0	0	0	
0	0	1	
0	1	0	
0	1	1	
1	0	0	
1	0	1	
1	1	0	
1	1	1	

主要用途：主要用于集成电路的内部结构。

4.4.5   实验任务及步骤

（1）课程实验套件上的 SR 触发器模块电路原理如图 4-23 所示。

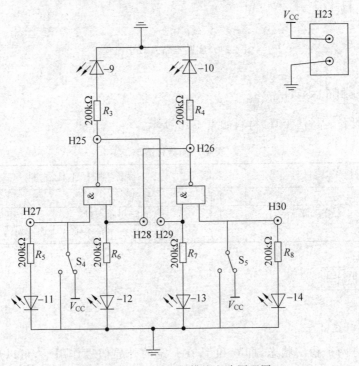

图 4-23   SR 触发器模块电路原理图

（2）两个开关 S_4 与 S_5 分别控制 SR 触发器的 S 端和 R 端输入，L_{11} 和 L_{14} 分别对应 S 端和 R 端的电平情况，L_9 和 L_{10} 分别对应 Q 端和 $\overline{Q}$ 端的电平情况。

（3）实验步骤如下。

① 先确保实验板的开关为关闭状态。

② 确定无误后，将 H23 中 V_{CC} 端连接至实验板上方的 +5V 端，GND 连接至 GND，其后依次将 H25、H26…H30 连至 DIO0、DIO1…DIO5，如图 4-24 所示。

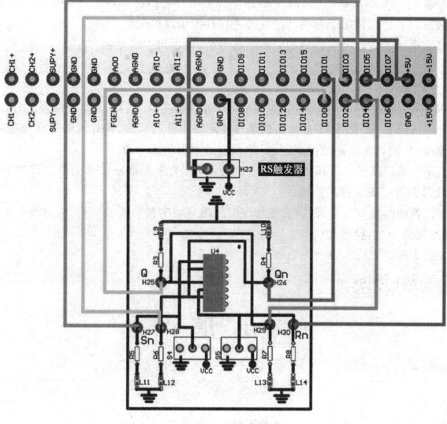

图 4-24　RS 触发器电路接线

③ 确定连接无误后,打开实验板开关,运行"实验 4 基本 RS 触发器"程序,如图 4-25 所示。按照特性表拨动开关,检验特性表的对错并改正。

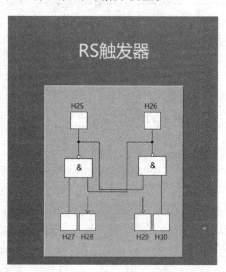

图 4-25　RS 触发器电路实验程序界面

（4）思考：RS 触发器和 SR 触发器有什么不同？它们各有什么优点？哪一端是置位、哪一端是复位？什么情况下保持功能？是否存在不确定情况？

通过上面的实验以及所得到的实验数据分析，可以得到结论：＿＿＿＿＿＿＿＿＿＿＿＿

4.4.6　实验注意事项

（1）严格按照 NI ELVIS Ⅱ＋实验平台使用要求进行实验，接好电路所有元器件后，应认真检查电路，确认无短路情况，指导教师检查后才可接通电源。

（2）正确地把测量仪表接入电路：电压表并联、电流表串联接入电路。在测量过程中要注意及时调整仪表量程或换挡。

（3）在教师的指导下开展实验，在规定时间内完成实验。实验完毕，应对设备进行正常维护，搞好场地卫生，整理好设备。

（4）在实验前完成实验报告中第一～三项内容。

4.4.7　实验报告要求

实 验 报 告

实验时间：　　　年　　　月　　　日　　　完成实验用时：

一、基本信息 课程名称：　　　　　　　　　实验名称： 专业班级：　　　　　　　　　学生姓名： 学　　号：
二、实验准备 1(请在实验前完成) (1) 请用文字描述触发器。   (2) 请用文字描述 RS 触发器的构成和实现的功能。
三、实验准备 2 请根据实验需求填写实验所需器材。

四、实验数据记录

（1）填写表 4-17。

表 4-17　特性表

$\bar{S}$	$\bar{R}$	Q^n	Q^{n+1}
0	0	0	
0	0	1	
0	1	0	
0	1	1	
1	0	0	
1	0	1	
1	1	0	
1	1	1	

（2）按照特性表波动开关，检验特性表是否正确，并记录到表 4-18 中。

表 4-18　特性表

$\bar{S}$	$\bar{R}$	Q^n	Q^{n+1}
0	0	0	
0	0	1	
0	1	0	
0	1	1	
1	0	0	
1	0	1	
1	1	0	
1	1	1	

五、实验结论分析

（1）以上记录的实验数据是否能证明逻辑方程的正确性？

（2）实验中测量值和额定值之间的相对误差是怎样产生的？能否避免相对误差？

（3）以上实验结论可以用于分析解决哪些问题？

六、实验总结

(1) 通过本次实验学到了哪些知识点？掌握了哪些技能点？

(2) 本次实验过程中有哪些不足的地方？犯了哪些错误？

(3) 实验过程中的错误和不足会带来什么后果？如何改进、杜绝实验中的不足及错误？

4.4.8 基本 RS 触发器实验评分表

基本 RS 触发器实验评分表如表 4-19 所示。

表 4-19 基本 RS 触发器实验评分表

序号	主要内容	考 核 要 求	配分	得分	备　　注
1	实验过程	实验设备准备齐全	5		
		实验流程正确	10		
		仪器、仪表操作安全、规范、正确	10		
		用电安全、规范	10		
2	实验数据	实验数据记录正确、完整	10		
		实验数据分析完整、正确	15		
3	实验报告	版面整洁、清晰	5		
		数据记录真实、准确、条理清晰	10		
		实验报告内容用语专业、规范	5		
4	职业素养	9S 规范	5		
		与同组、同班同学的合作行为	5		
		与实验指导教师的互动、合作行为	5		
		实验态度	5		
5	实验安全	是否存在安全违规行为，实验过程中是否存在及发生人身、设备安全隐患问题	是	否	参考特别说明
得　　分					

特别说明：有违反安全规范、实验过程中存在及发生人身、设备安全隐患的行为一律记为 0 分

符合 9S 管理要求：详见 1.6 节

4.5 JK 触 发 器

知识目标

(1) 能够描述 JK 触发器的功能。

(2) 能够科学记录、分析、整理实验数据。

技能目标

(1) 能够正确选择实验仪器及元件材料。

(2) 能够根据实验步骤进行实验。

(3) 能够安全、正确地使用仪器、仪表,用实验进行数据验证。

4.5.1 实验目的

(1) 认识与了解 JK 触发器的原理及应用。

(2) 认识与了解 74LS112 芯片的原理及使用。

(3) 验证 JK 触发器的原理。

4.5.2 实验流程

实验准备及教学流程如图 4-26 所示。

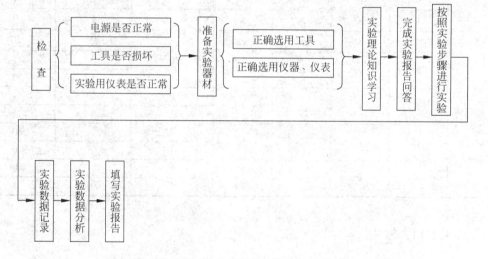

图 4-26 实验准备及教学流程框图

4.5.3 仪表器材设备

所需仪表设备、器材、工具、材料如表 4-20 所示。

表 4-20 器材清单

设备、器材、工具、材料	数量	设备、器材、工具、材料	数量
计算机	1 台	导线	1 套
NI ELVIS Ⅱ＋实验平台	1 台	电路实验套件	1 套
万用表	1 台	数字电子技术课程实验套件	1 套

4.5.4 实验原理

1. JK 触发器

JK 触发器是一种数字电路触发器,根据输入信号 J、K 的不同,在时钟信号的上升沿或者下降沿触发,JK 触发器能使现态 Q 发生 4 种不同的变化,分别为置 0、置 1、保持和翻转。

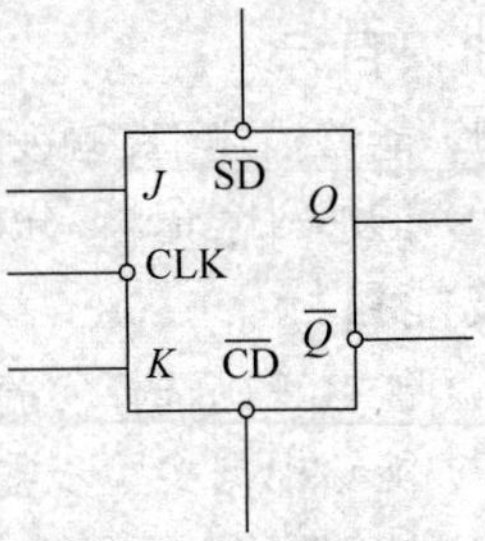

2. 实验套件上的 JK 触发器

(1) 逻辑原理如图 4-27 所示。

图 4-27 JK 触发器逻辑原理

(2) $\overline{SD}$、$\overline{CD}$ 分别为置位端和复位端,$\overline{SD}$、$\overline{CD}$ 的不同取值也影响 JK 触发器的触发,真值表如表 4-21 所示。

表 4-21 真值表

输入端						输出端(现态)	
$\overline{SD}$	$\overline{CD}$	CLK	J	K	Q^n	Q^{n+1}	$\overline{Q}^{n+1}$
0	0	X	X	X	X	1	1
0	1	X	X	X	X	1	0
1	0	X	X	X	X	0	1
1	1	↓	0	0	0	0	1
1	1	↓	0	0	1	1	0
1	1	↓	0	1	0	0	1
1	1	↓	0	1	1	0	1
1	1	↓	1	0	0	1	0
1	1	↓	1	0	1	1	0
1	1	↓	1	1	0	1	0
1	1	↓	1	1	1	0	1

3. 74LS112 芯片

74LS112 芯片为 JK 触发器芯片,下降沿触发,有置位端和复位端。

4.5.5 实验任务及步骤

(1) 课程实验套件上的 JK 触发器模块电路原理如图 4-28 所示。

4 个开关 S_{23}、S_{24}、S_{25}、S_{26} 分别控制着 $\overline{SD}$、J、K、$\overline{CD}$ 的输入。CLK 由软件编程控制其输入。

(2) 实验步骤如下。

① 使用导线连接该实验模块的电源,H66 的 V_{CC} 与实验板上方的 +5V 相连,H66 的接地端与实验板上方的 GND 相连。

② 分别使用导线将 H68 与 DIO0、H74 与 DIO1、H69 与 DIO2、H71 与 DIO3、H70 与 DIO4、H72 与 DIO5 相连。

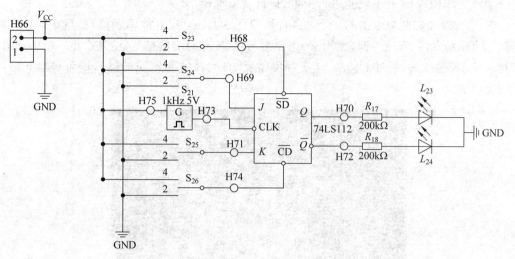

图 4-28   JK 触发器模块电路原理

③ 使用导线将 H73 与 DIO8 相连，如图 4-29 所示。

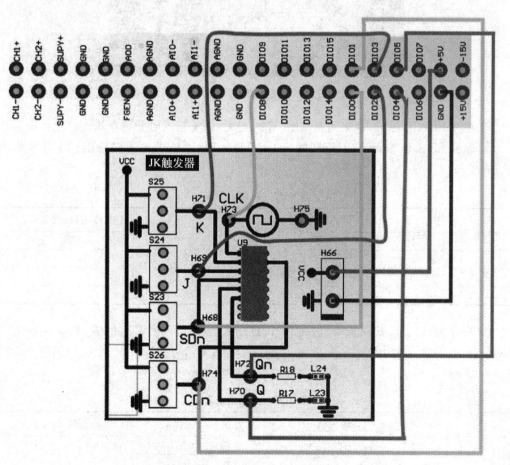

图 4-29   JK 触发器电路接线

④ 为 NI ELVIS Ⅱ+实验平台上电,运行实验平台。

⑤ 通过改变实验板卡上的 4 个开关即可改变 SD、CD、J、K 的输入值,然后在计算机的"实验 5 JK 触发器"程序界面(图 4-30)上单击与 CLK 相对应的按钮,给其产生一个下降沿,即可触发 JK 触发器,通过 L_{23}、L_{24}(或者程序上 H70、H72 相对应的值),即可观察其输出的变化。

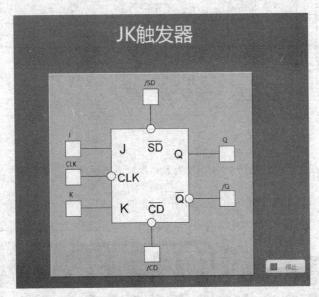

图 4-30 JK 触发器电路实验程序界面

⑥ 改变 $\overline{SD}$、$\overline{CD}$ 的值,观察当有 CLK 输入与无 CLK 输入时分别对输出产生什么影响?

⑦ 改变 $\overline{SD}$、$\overline{CD}$ 的值,观察不同的 $\overline{SD}$、$\overline{CD}$ 输入时,J、K 的输入对输出产生什么影响?完成表 4-22。

表 4-22 数据记录表

输入端						输出端(现态)	
$\overline{SD}$	$\overline{CD}$	CLK	J	K	Q^n	Q^{n+1}	$\overline{Q}^{n+1}$
0	0	X	X	X	X		
0	1	X	X	X	X		
1	0	X	X	X	X		

⑧ 将开关 S_{23}、S_{26} 拨向 1 端口,使 $\overline{SD}$、$\overline{CD}$ 输入高电平,改变 J、K 的值,观察不同的 J、K 值对输出产生什么影响?以及有无 CLK 的输入对于 J、K 的触发是否有影响?完成表 4-23。

表 4-23 数据记录表

输入端						输出端(现态)	
$\overline{SD}$	$\overline{CD}$	CLK	J	K	Q^n	Q^{n+1}	$\overline{Q}^{n+1}$
1	1	↓	0	0	0		
					1		

续表

输入端						输出端（现态）	
$\overline{SD}$	$\overline{CD}$	CLK	J	K	Q^n	Q^{n+1}	$\overline{Q}^{n+1}$
1	1	↓	0	1	0		
					1		
1	1	↓	1	0	0		
					1		
1	1	↓	1	1	0		
					1		

（3）实验分析如下。

① 通过上面的实验，可以得出是否有时钟信号（CLK）对于 $\overline{SD}$、$\overline{CD}$ 以及 J、K 的影响的结论：＿＿＿＿＿＿＿＿。

② 通过实验以及表 4-22 所采集的数据，可以得到关于不同的 $\overline{SD}$、$\overline{CD}$ 的取值对于 J、K 取值所产生的影响的结论：＿＿＿＿＿＿＿＿。

③ 通过实验以及表 4-23 所采集的数据，可以总结出在 $\overline{SD}$、$\overline{CD}$ 取值都为 1 时，J、K 的取值对于输出结果的影响的结论：＿＿＿＿＿＿＿＿。Q^{n+1} 与 Q^n 的传递公式为：$Q^{n+1}=$＿＿＿＿＿＿＿＿。

通过上面的实验以及所得到的实验数据分析，可以得到结论：＿＿＿＿＿＿＿＿
＿＿＿＿＿＿＿＿＿＿＿＿＿＿＿＿＿＿＿＿

4.5.6　实验注意事项

（1）严格按照 NI ELVIS Ⅱ＋实验平台使用要求进行实验，接好电路所有元器件后，应认真检查电路，确认无短路情况，指导教师检查后才可接通电源。

（2）正确地把测量仪表接入电路：电压表并联、电流表串联接入电路。在测量过程中要注意及时调整仪表量程或换挡。

（3）在教师的指导下开展实验，在规定时间内完成实验。实验完毕，应对设备进行正常维护，搞好场地卫生，整理好设备。

（4）在实验前完成实验报告中第一～三项内容。

4.5.7　实验报告要求

实 验 报 告

实验时间：　　　年　　　月　　　日　　　完成实验用时：

一、基本信息
课程名称：　　　　　　　　实验名称：
专业班级：　　　　　　　　学生姓名：
学　　号：

二、实验准备 1(请在实验前完成)

(1) 请用文字和公式描述基尔霍夫第一定律。

(2) 请用文字和公式描述基尔霍夫第二定律。

(3) 请简述 JK 触发器的原理。

(4) 请用文字描述叠加原理。

三、实验准备 2

请根据实验需求填写实验所需器材。

四、实验数据记录

(1) 改变 $\overline{SD}$、$\overline{CD}$ 的值,观察有 CLK 输入和无 CLK 输入时分别对输出产生什么影响?完成表 4-24 的填写。

表 4-24　数据记录表

输入端						输出端(现态)	
$\overline{SD}$	$\overline{CD}$	CLK	J	K	Q^n	Q^{n+1}	$\overline{Q}^{n+1}$
0	0	X	X	X	X		
0	1	X	X	X	X		
1	0	X	X	X	X		

(2) 将开关 S_{23}、S_{26} 拨向 1 端口,使 $\overline{SD}$、$\overline{CD}$ 输入高电平,改变 J、K 的值,观察不同的 J、K 值对输出产生什么影响?以及有无 CLK 的输入对于 J、K 的触发是否有影响?完成表 4-25。

表 4-25　数据记录表

输入端						输出端(现态)	
$\overline{SD}$	$\overline{CD}$	CLK	J	K	Q^n	Q^{n+1}	$\overline{Q}^{n+1}$
1	1	↓	0	0	0		
					1		
1	1	↓	0	1	0		
					1		
1	1	↓	1	0	0		
					1		
1	1	↓	1	1	0		
					1		

五、实验结论分析

(1) 通过上面的实验,可以得出有无时钟信号(CLK)对于 $\overline{SD}$、$\overline{CD}$ 以及 J、K 的影响的结论。

(2) 通过实验以及表 4-24 所采集的数据,可以得到关于不同的 $\overline{SD}$、$\overline{CD}$ 的取值对于 J、K 取值所产生的影响的结论。

(3) 通过实验以及表 4-25 所采集的数据,可以总结出在 $\overline{SD}$、$\overline{CD}$ 取值都为 1 时,J、K 的取值对于输出结果会产生影响的结论。

Q^{n+1} 与 Q^n 的传递公式为: $Q^{n+1}=$ _____。

(4) 以上实验结论可以用于分析解决哪些问题?

六、实验总结

(1) 通过本次实验学到了哪些知识点? 掌握了哪些技能点?

(2) 本次实验过程中有哪些不足的地方? 犯了哪些错误?

(3) 实验过程中的错误和不足会带来什么后果? 如何改进、杜绝实验中的不足及错误?

4.5.8　JK 触发器实验评分表

JK 触发器实验评分表,如表 4-26 所示。

表 4-26　JK 触发器实验评分表

序号	主要内容	考核要求	配分	得分	备注
1	实验过程	实验设备准备齐全	5		
		实验流程正确	10		
		仪器、仪表操作安全、规范、正确	10		
		用电安全、规范	10		
2	实验数据	实验数据记录正确、完整	10		
		实验数据分析完整、正确	15		
3	实验报告	版面整洁、清晰	5		
		数据记录真实、准确、条理清晰	10		
		实验报告内容用语专业、规范	5		
4	职业素养	9S 规范	5		
		与同组、同班同学的合作行为	5		
		与实验指导教师的互动、合作行为	5		
		实验态度	5		
5	实验安全	是否存在安全违规行为,实验过程中是否存在及发生人身、设备安全隐患问题	是	否	参考特别说明
	得　分				

特别说明:有违反安全规范、实验过程中存在及发生人身、设备安全隐患的行为一律记为 0 分

符合 9S 管理要求:详见 1.6 节

4.6　D 触发器

知识目标

(1) 能够通过真值表和文字描述 D 触发器的功能。

(2) 能够科学记录、分析、整理实验数据。

技能目标

(1) 能够正确选择实验仪器及元器件。

(2) 能够根据实验步骤进行实验。

(3) 能够安全、正确地使用仪器、仪表,用实验进行数据验证。

4.6.1　实验目的

(1) 认识与了解 D 触发器的原理及应用。

(2) 认识与了解 74LS74 原理及使用。

(3) 验证 D 触发器的原理。

4.6.2　实验流程

实验准备及教学流程如图 4-31 所示。

4.6.3　仪表器材设备

所需仪表设备、器材、工具、材料如表 4-27 所示。

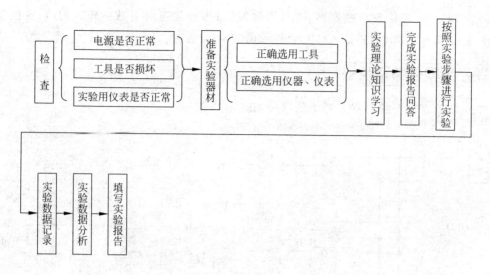

图 4-31　实验准备及教学流程框图

表 4-27　器材清单

设备、器材、工具、材料	数量	设备、器材、工具、材料	数量
计算机	1 台	导线	1 套
NI ELVIS Ⅱ＋实验平台	1 台	电路实验套件	1 套
万用表	1 台	数字电子技术课程实验套件	1 套

4.6.4　实验原理

（1）D 触发器。D 触发器是一种具有记忆功能的信息存储器件，是一种最基本的逻辑单元，可构成多种时序电路。在特定的外界信号输入时，可在两个稳定状态"0"和"1"之间进行翻转。

（2）实验套件上的 D 触发器逻辑符号如图 4-32 所示。不同的 $\overline{SD}$、$\overline{CD}$ 取值将会影响到 D 触发器上 D 取值与输出的关系，D 触发器的真值表如表 4-28 所示。

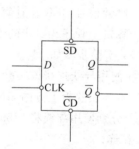

图 4-32　D 触发器逻辑符号

表 4-28　真值表

输　入					输　出	
$\overline{SD}$	$\overline{CD}$	CLK	D	Q^n	Q^{n+1}	$\overline{Q}^{n+1}$
0	0	X	X	X	1	1
0	1	X	X	X	1	0
1	0	X	X	X	0	1
1	1	↑	0	0	0	1
1	1	↑	0	1	0	1
1	1	↑	1	0	1	0
1	1	↑	1	1	1	0

（3）74LS74 芯片为 D 触发器，上升沿触发，每个触发器都有数据输入（D）、置位输入（$\overline{SD}$）、复位输入（$\overline{CD}$）、时钟输入（CLK）和数据输出（Q）。

4.6.5　实验任务及步骤

（1）实验套件上的 D 触发器电路原理如图 4-33 所示。

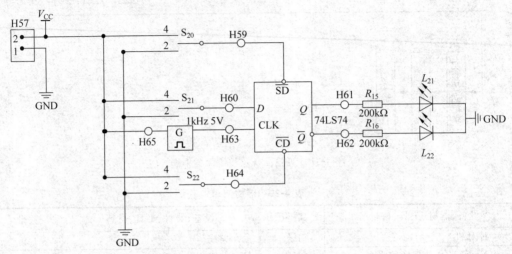

图 4-33　D 触发器电路原理

S_{20}、S_{21}、S_{22} 这 3 个开关分别控制着 $\overline{SD}$、D、$\overline{CD}$ 的值，控制 3 个开关即可改变 3 个输入的值。时钟信号 CLK 由计算机上的程序提供输入。输出可由 LED 灯的亮灭来观察，也可通过计算机上程序相对应的值来观察。

（2）实验步骤如下。

① 使用导线连接该实验模块上的电源，H57 的 V_{CC} 与实验板上方的＋5V 相连，H57 的接地端与实验板上方的 GND 相连。

② 分别使用导线将 H59 与 DIO0、H64 与 DIO1、H60 与 DIO2、H61 与 DIO3、H62 与 DIO4 相连。

③ 使用导线将 H63 与 DIO8 相连，如图 4-34 所示。为 ELVIS 实验平台上电，运行"实验 6 D 触发器"程序，如图 4-35 所示。

④ 通过改变实验板卡上的 3 个开关即可改变 $\overline{SD}$、$\overline{CD}$、D 的输入值，然后在计算机的程序界面单击与 CLK 相对应的按钮，给其产生一个下降沿，即可触发 D 触发器，通过 L_{21}、L_{22}（或者程序上 H61、H62 相对应的值），即可观察其输出的变化。

⑤ 改变 $\overline{SD}$、$\overline{CD}$ 的值，观察当有 CLK 输入与无 CLK 输入时分别对输出产生什么影响？

⑥ 改变 $\overline{SD}$、$\overline{CD}$ 的值，观察不同的 $\overline{SD}$、$\overline{CD}$ 输入时 D 的输入对输出产生什么影响？请补充表 4-29。

⑦ 将开关 S_{20}、S_{22} 拨向 1 端口，使 $\overline{SD}$、$\overline{CD}$ 输入高电平，改变 D 的值，观察不同的 D 值对输出产生什么影响？以及有无 CLK 的输入对 D 的触发是否有影响？完成表 4-30。

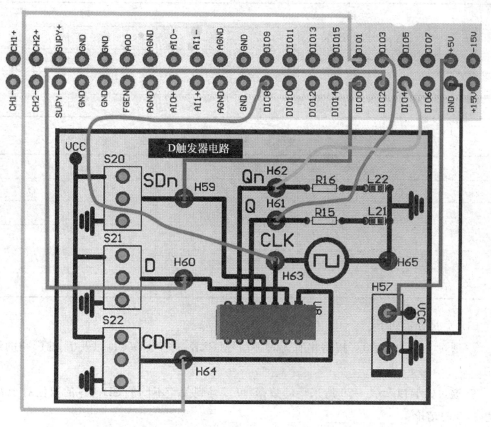

图 4-34　D 触发器电路接线

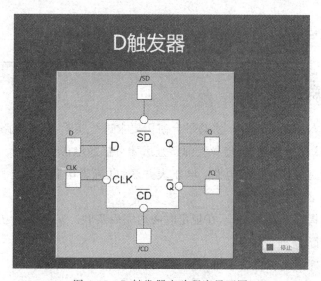

图 4-35　D 触发器实验程序界面图

表 4-29　数据记录表

输　入					输　出	
$\overline{SD}$	$\overline{CD}$	CLK	D	Q^n	Q^{n+1}	$\overline{Q}^{n+1}$
0	0	X	X	X		
0	1	X	X	X		
1	0	X	X	X		

表 4-30　数据记录表

输　入					输　出	
$\overline{SD}$	$\overline{CD}$	CLK	D	Q^n	Q^{n+1}	$\overline{Q}^{n+1}$
1	1	↑	0	0		
				1		
1	1	↑	1	0		
				1		

(3) 实验分析如下。

① 通过上面的实验,可以得出有无时钟信号(CLK)对于 $\overline{SD}$、$\overline{CD}$ 以及 D 的影响的结论是:_____。

② 通过实验以及表 4-29 所采集的数据,可以得到关于不同的 $\overline{SD}$、$\overline{CD}$ 的取值对于 D 所产生影响的结论:_____。

③ 通过实验以及表 4-30 所采集的数据,可以总结出在 $\overline{SD}$、$\overline{CD}$ 取值都为 1 时,D 的取值对于输出结果影响的结论:_____。Q^{n+1} 与 Q^n 的传递公式为:$Q^{n+1} =$

_____。

通过上面的实验以及所得到的实验数据分析,可以得到结论:_____

_____。

4.6.6　实验注意事项

(1) 严格按照 NI ELVIS Ⅱ＋实验平台使用要求进行实验,接好电路所有元器件后,应认真检查电路,确认无短路情况,指导教师检查后才可接通电源。

(2) 正确地把测量仪表接入电路:电压表并联、电流表串联接入电路。在测量过程中要注意及时调整仪表量程或换挡。

(3) 在教师的指导下开展实验,在规定时间内完成实验。实验完毕,应对设备进行正常维护,搞好场地卫生,整理好设备。

(4) 在实验前完成实验报告中第一～三项内容。

4.6.7　实验报告要求

实　验　报　告

实验时间：　　　年　　　月　　　日　　　　完成实验用时：

一、基本信息

课程名称：　　　　　　　　　　实验名称：

专业班级：　　　　　　　　　　学生姓名：

学　　　号：

二、实验准备 1(请在实验前完成)

(1) 请用文字描述 D 触发器。

(2) 请用文字描述叠加原理。

三、实验准备 2

请根据实验需求填写实验所需器材。

四、实验数据记录

(1) 改变 $\overline{SD}$、$\overline{CD}$ 的值，观察不同的 $\overline{SD}$、$\overline{CD}$ 输入时，D 的输入对输出产生什么影响？请补充表 4-31。

表 4-31　数据记录表

输　　入					输　　出	
$\overline{SD}$	$\overline{CD}$	CLK	D	Q^n	Q^{n+1}	$\overline{Q}^{n+1}$
0	0	X	X	X		
0	1	X	X	X		
1	0	X	X	X		

(2) 将开关 S_{20}、S_{22} 拨向 1 端口，使 $\overline{SD}$、$\overline{CD}$ 输入高电平，改变 D 值，观察不同的 D 值对输出产生什么影响？以及有无 CLK 的输入对于 D 触发器的触发是否有影响？完成表 4-32。

表 4-32　数据记录表

输　　入					输　　出	
$\overline{SD}$	$\overline{CD}$	CLK	D	Q^n	Q^{n+1}	$\overline{Q}^{n+1}$
1	1	↑	0	0		
				1		
1	1	↑	1	0		
				1		

五、实验结论分析

(1) 通过上面的实验后，可以得出有无时钟信号（CLK）对于 $\overline{SD}$、$\overline{CD}$ 以及 D 的影响的结论是：_____。

(2) 通过实验以及表 4-31 所采集的数据，可以得到关于不同的 $\overline{SD}$、$\overline{CD}$ 的取值对于 D 所产生影响的结论：_____。

(3) 通过实验以及表 4-32 所采集的数据，可以总结出在 $\overline{SD}$、$\overline{CD}$ 取值都为 1 时，D 的取值对于输出结果影响的结论：_____。Q^{n+1} 与 Q^n 的传递公式为：$Q^{n+1} =$ _____。

(4) 以上实验结论可以用于分析解决哪些问题？

六、实验总结

(1) 通过本次实验学到了哪些知识点？掌握了哪些技能点？

(2) 本次实验过程中有哪些不足的地方？犯了哪些错误？

(3) 实验过程中的错误和不足会带来什么后果？如何改进、杜绝实验中的不足及错误？

4.6.8 D 触发器实验评分表

D 触发器实验评分表如表 4-33 所示。

表 4-33　D 触发器实验评分表

序号	主要内容	考核要求	配分	得分	备注
1	实验过程	实验设备准备齐全	5		
		实验流程正确	10		
		仪器、仪表操作安全、规范、正确	10		
		用电安全、规范	10		
2	实验数据	实验数据记录正确、完整	10		
		实验数据分析完整、正确	15		
3	实验报告	版面整洁、清晰	5		
		数据记录真实、准确、条理清晰	10		
		实验报告内容用语专业、规范	5		

续表

序号	主要内容	考核要求	配分	得分	备　注
4	职业素养	9S 规范	5		
		与同组、同班同学的合作行为	5		
		与实验指导教师的互动、合作行为	5		
		实验态度	5		
5	实验安全	是否存在安全违规行为,实验过程中是否存在及发生人身、设备安全隐患问题	是	否	参考特别说明
得　分					

特别说明:有违反安全规范、实验过程中存在及发生人身、设备安全隐患的行为一律记为 0 分
符合 9S 管理要求:详见 1.6 节

4.7　十进制译码器

知识目标

(1) 能够通过功能表、文字描述十进制译码器。

(2) 能够科学记录、分析、整理实验数据。

技能目标

(1) 能够正确选择实验仪器及元件材料。

(2) 能够根据实验步骤进行实验。

(3) 能够安全、正确地使用仪器、仪表,用实验进行数据验证。

4.7.1　实验目的

(1) 了解异步 1-5-10 进制计数器 74LS290 的参数情况和熟悉使用 74LS290。

(2) 熟悉使用译码器 74LS248。

(3) 掌握共阴极数码管的使用方法。

4.7.2　实验流程

实验准备及教学流程如图 4-36 所示。

4.7.3　仪表器材设备

所需仪表设备、器材、工具、材料如表 4-34 所示。

表 4-34　器材清单

设备、器材、工具、材料	数量	设备、器材、工具、材料	数量
计算机	1 台	导线	1 套
NI ELVIS Ⅱ+实验平台	1 台	电路实验套件	1 套
万用表	1 台	数字电子技术课程实验套件	1 套

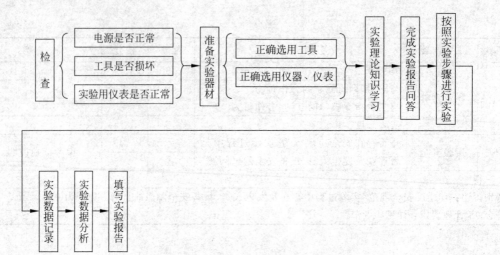

图 4-36　实验准备及教学流程

4.7.4 实验原理

1. 中规模集成计数器 74LS290 介绍

（1）74LS290 芯片引脚如图 4-37 所示。CLK1 和 CLK2 为 CP 输入，MR_n 为异步置数，Q_n 为输出。

（2）74LS290 是异步十进制计数器，它由一个一位二进制计数器和一个异步五进制计数器组成。如果计数脉冲由 CLK2 端输入，输出由 Q_0 引出，即得二进制计数器；如果计数脉冲由 CLK1 端输入，输出由 Q_3、Q_2、Q_1 引出，

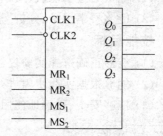

图 4-37　74LS290 芯片引脚

即是五进制计数器；如果将 CLK2 与 Q_0 相连，计数脉冲由 CLK1 输入，输出由 Q_3、Q_2、Q_1、Q_0 引出，即得 8421 码十进制计数器。因此，又称此电路为 2-5-10 进制计数器。

（3）功能表如表 4-35 所示。

表 4-35　功能表

复位输入		置位输入		时钟	输出			
R_1	R_2	S_1	S_2	CLK	Q_3	Q_2	Q_1	Q_0
1	1	0	×	×	0	0	0	0
		×	0					
×	×	1	1	×	1	0	0	1
×	0	×	0	下降沿	计数			
0	×	0	×	下降沿	计数			
0	×	×	0	下降沿	计数			
×	0	0	×	下降沿	计数			

当复位输入 $R_1 = R_2 = 1$，且置位输入 $S_1 \cdot S_1 = 0$ 时，74LS290 的输出被直接置零；只要置位输入 $S_9(1) \cdot S_9(2) = 1$，则 74LS290 的输出将被直接置 9，即异步十进制计数器 74LS290 原理，引脚图及功能表＝1001；只有同时满足 $R_0(1) \cdot R_0(2) = 0$ 和 $S_9(1) \cdot S_9(2) = 0$ 时，才能在计数脉冲(下降沿)作用下实现 2-5-10 进制加法计数。

2. 译码器 74LS248 介绍

（1）芯片引脚图如图 4-38 所示。A、B、C、D 为译码地址输入端；$\overline{BI/RBO}$ 为消隐输出(低电平有效)；$\overline{LT}$ 为灯测试输入端(低电平有效)；$\overline{RBI}$ 为脉冲消隐输入(低电平有效)；a～g 为输出。

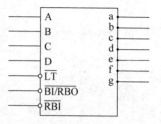

图 4-38 74LS248 芯片引脚

（2）功能说明。当要求输入 0～15 时，消隐输入($\overline{BI}$)应为高电平或开路，对于输出 0 时，还要求脉冲消隐输入($\overline{RBI}$)为高电平或开路。

当 BI 为低电电平时，不管其他输入端状态如何，a～g 均为低电平。

当 $\overline{RBI}$ 和地址端(A～D)均为低电平，并且灯测试($\overline{LT}$)为高电平时，a～g 均为低电平，脉冲消隐输出($\overline{RBO}$)为低电平。

当 BI 为高电平开路时，$\overline{LT}$ 的低电平可使 a～g 为高电平。

当 LT、BI 和 RBI 为高电平时，译码器会针对 4 位译码地址进行译码。

3. 共阴极数码管

（1）芯片引脚图如图 4-39 所示，共阴极数码管如图 4-40 所示。

（2）功能原理。共阴极数码管是把所有 LED 的阴极连接到共同接点，而每个 LED 的阳极分别为 a、b、c、d、e、f、g 及 dp(小数点)。图 4-39 中的 8 个 LED 分别与图 4-40 中的 a～dp 各段相对应，通过控制各个 LED 的亮灭来显示数字。给 a～d 中任意输入高电平，则对应的 LED 就会亮，从而显示对应的数字。

（3）请补充表 4-36 显示下列数字各引脚所需的电平情况。

表 4-36 引脚电平

显示数字	a	b	c	d	e	f	g	dp
0	1	1	1	1	1	1	0	0
1	0	1	1	0	0	0	0	0
2	1	1	0	1	1	0	1	0
3								
4								
5								
6								
7								
8								
9								

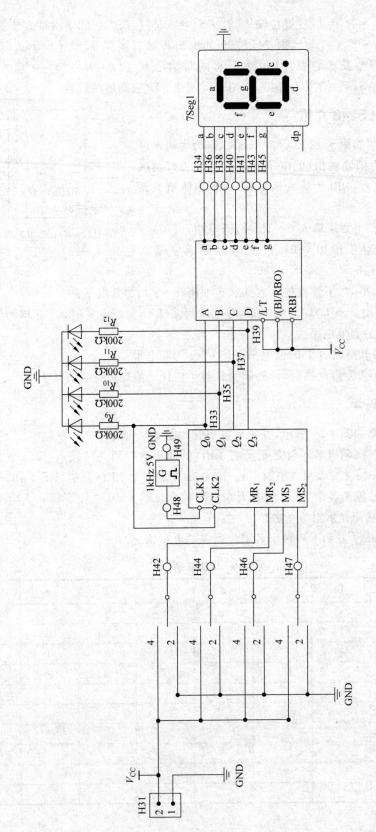

图 4-39　共阴极数码管芯片引脚

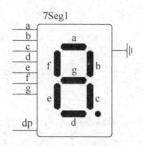

图 4-40　共阴极数码管

4.7.5　实验任务及步骤

1. 实验板原理图

如图 4-41 所示，S_6、S_7、S_8、S_9 控制计数器芯片 74LS290 的 R_1、R_2、S_1、S_2 的电平情况，LED 灯 L_{15}、L_{16}、L_{17}、L_{18} 显示需要译码的 8421BCD 码，由高位到低位依次为 L_{18}、L_{17}、L_{16}、L_{15}；数码管负责将译码器 74LS248 译出来的信息进行展示。

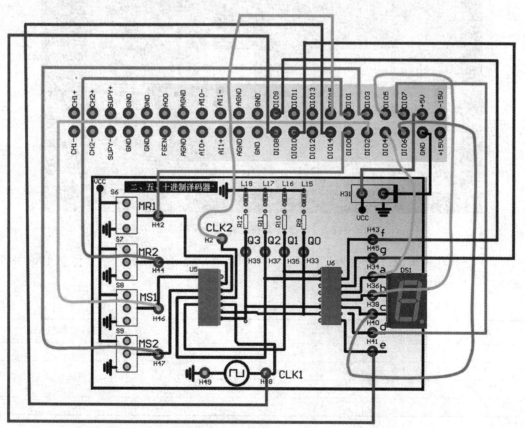

图 4-41　十进制译码器接线

2. 实验步骤

（1）先确认实验板的电源处于关闭状态。

（2）确保无误后，进行接线操作：将 H31 部分的 V_{CC} 端连至实验板上方的＋5V，GND 连至 GND；其余连线如表 4-37 所示。

表 4-37　接线表

MR_1	DIO0	A	DIO4	E	DIO8	CLK2	DIO15
MR_2	DIO1	B	DIO5	F	DIO9		
MS_1	DIO2	C	DIO6	G	DIO10		
MS_2	DIO3	D	DIO7	CLK1	DIO14		

（3）再三确保连线无误后，打开实验板的电源，运行"实验 7 十进制译码器"程序，程序面板如图 4-42 所示。

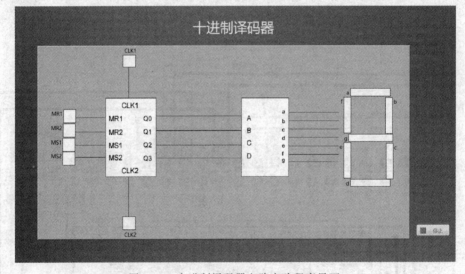

图 4-42　十进制译码器电路实验程序界面

（4）令程序中 CLK2 按钮为假（即低电平）；拨动开关 S_6、S_7、S_8、S_9 并将表 4-38 补充完整。

表 4-38　参数记录

S_6	S_7	S_8	S_9	单击 CLK1 按钮后数码管情况
0	1	0	1	
1	1	0	0	
0	0	1	1	
1	1	1	1	

① 数码管显示的变化，是否为 2、4、6、8？这与 74LS290 的哪个进制输出有关？为什么会是 2、4、6、8…地增加？

② 将 DIO15 和 CLK2 断开连线，将 CLK2 连接至 Q0，此时将开关 S_6、S_7、S_8、S_9 拨到

合适的位置,单击 CLK1 按钮,此时数码管表示的是什么进制?

通过上面的实验以及所得到的实验数据分析,可以得到结论:＿＿＿＿＿＿＿＿＿＿＿

＿＿。

4.7.6　实验注意事项

(1) 严格按照 NI ELVIS Ⅱ＋实验平台使用要求进行实验,接好电路所有元器件后,应认真检查电路,确认无短路情况,指导教师检查后才可接通电源。

(2) 正确地把测量仪表接入电路:电压表并联、电流表串联接入电路。在测量过程中要注意及时调整仪表量程或换挡。

(3) 在教师的指导下开展实验,在规定时间内完成实验。实验完毕,应对设备进行正常维护,搞好场地卫生,整理好设备。

(4) 在实验前完成实验报告中第一～三项内容。

4.7.7　实验报告要求

实 验 报 告

实验时间:　　　年　　　月　　　日　　　完成实验用时:

一、基本信息

课程名称:　　　　　　　　　　实验名称:

专业班级:　　　　　　　　　　学生姓名:

学　　号:

二、实验准备 1(请在实验前完成)

(1) 请用文字描述中规模集成计数器 74LS290。

(2) 请用文字描述译码器 74LS248。

(3) 共阴极数码管是如何工作的?

三、实验准备 2

四、实验数据记录

(1) 完成表格。请补充表 4-39 显示下列数字各引脚所需的电平情况。

表 4-39　引脚电平

显示数字	a	b	c	d	e	f	g	dp
0	1	1	1	1	1	1	0	0
1	0	1	1	0	0	0	0	0
2	1	1	0	1	1	0	1	0
3								
4								
5								
6								
7								
8								
9								

令程序中 CLK2 按钮为假（即低电平）；拨动开关 S_6、S_7、S_8、S_9，并将表 4-40 补充完整。

表 4-40　参数记录

S_6	S_7	S_8	S_9	单击 CLK1 按钮后数码管情况
0	1	0	1	
1	1	0	0	
0	0	1	1	
1	1	1	1	

(2) 数码管显示的变化,是否为 2、4、6、8? 这与 74LS290 的哪个进制输出有关? 为什么会是 2、4、6、8…地增加?

(3) 将 DIO15 和 CLK2 断开连线,将 CLK2 连接至 Q_0,此时将开关 S_6、S_7、S_8、S_9 拨到合适的位置,单击 CLK1 按钮,此时数码管表示的是什么进制?

五、实验结论分析

(1) 以上记录可以得出什么结论?

(2) 以上实验结论可以用于分析解决哪些问题?

六、实验总结

（1）通过本次实验学到了哪些知识点？掌握了哪些技能点？

（2）本次实验过程中有哪些不足的地方？犯了哪些错误？

（3）实验过程中的错误和不足会带来什么后果？如何改进、杜绝实验中的不足及错误？

4.7.8　十进制译码器实验评分表

十进制译码器实验评分表，如表 4-41 所示。

表 4-41　十进制译码器实验评分表

序号	主要内容	考 核 要 求	配分	得分	备　注
1	实验过程	实验设备准备齐全	5		
		实验流程正确	10		
		仪器、仪表操作安全、规范、正确	10		
		用电安全、规范	10		
2	实验数据	实验数据记录正确、完整	10		
		实验数据分析完整、正确	15		
3	实验报告	版面整洁、清晰	5		
		数据记录真实、准确、条理清晰	10		
		实验报告内容用语专业、规范	5		
4	职业素养	9S 规范	5		
		与同组、同班同学的合作行为	5		
		与实验指导教师的互动、合作行为	5		
		实验态度	5		
5	实验安全	是否存在安全违规行为，实验过程中是否存在及发生人身、设备安全隐患问题	是	否	参考特别说明
得　　分					

特别说明：有违反安全规范、实验过程中存在及发生人身、设备安全隐患的行为一律记为 0 分

符合 9S 管理要求：详见 1.6 节

参 考 文 献

[1] 梁红卫,张富建.电工理论与实操(入门指导)[M].北京:清华大学出版社,2018.

[2] 梁红卫,张富建.电工理论与实操(上岗证指导)[M].北京:清华大学出版社,2018.

[3] 张富建.焊工理论与实操(电焊、气焊、气割入门与上岗考证)[M].北京:清华大学出版社,2014.

[4] 郑平.职业道德(全国劳动预备制培训教材)[M].2版.北京:中国劳动社会保障出版社,2007.

[5] 徐建俊.电工考工实训教程[M].北京:清华大学出版社,北京交通大学出版社,2005.

[6] 广州市红十字会,广州市红十字培训中心.电力行业现场急救技能培训手册[M].北京:中国电力出版社,2011.

[7] 舒华,李良洪.汽车电工电子基础[M].北京:国家开放大学出版社,2017.

[8] 张小红.电工技能实训[M].北京:高等教育出版社,2015.

[9] 徐君贤.电气实习[M].北京:机械工业出版社,2015.

[10] 杨飒,张辉,樊亚妮.电路与电子线路实验教程[M].北京:清华大学出版社,2018.

[11] 章小宝,陈巍,万彬.电工电子技术实验教程[M].重庆:重庆大学出版社,2019.

[12] 朱建华,董桂丽.电工电子技术实验教程[M].北京:电子工业出版社,2018.